U0630434

国家出版基金项目
NATIONAL PUBLICATION FOUNDATION

城市记忆

——北京四合院普查成果与保护

第 卷

City Memories——The General Survey Achievement and Protection of Courtyard in Beijing

《城市记忆——北京四合院普查成果与保护》编委会
北京市古代建筑研究所 编

北京出版集团公司
北京美术摄影出版社

图书在版编目(CIP)数据

城市记忆 ：北京四合院普查成果与保护. 第1卷 / 《城市记忆 ：北京四合院普查成果与保护》编委会，北京市古代建筑研究所编. — 北京 ：北京美术摄影出版社，2013.12

ISBN 978-7-80501-583-5

I. ①城… II. ①城… ②北… III. ①北京四合院—调查②北京四合院—保护 IV. ①TU241.5

中国版本图书馆CIP数据核字(2013)第287233号

城市记忆
——北京四合院普查成果与保护　第1卷

CHENGSHI JIYI

《城市记忆——北京四合院普查成果与保护》编委会
北京市古代建筑研究所　编

出　版	北京出版集团公司
	北京美术摄影出版社
地　址	北京北三环中路6号
邮　编	100120
网　址	www.bph.com.cn
总发行	北京出版集团公司
发　行	京版北美（北京）文化艺术传媒有限公司
经　销	全国新华书店
印　刷	北京雅昌彩色印刷有限公司
版　次	2013年12月第1版第1次印刷
开　本	787毫米×1092毫米　1/12
印　张	32.5
字　数	312千字
书　号	ISBN 978-7-80501-583-5
定　价	600.00元

质量监督电话　010-58572393
责任编辑电话　010-58572703

《城市记忆——北京四合院普查成果与保护》
第1卷编写人员名单

主　　编：韩　扬

副 主 编：侯兆年　梁玉贵

执行主编：高　梅

编　　委（姓氏笔画）：

　　　　王　夏　卞景晟　李卫伟　沈雨辰　张　隽　张景阳
　　　　高　梅　梁玉贵　董　良

摄　　影（姓氏笔画）：

　　　　王　夏　卞景晟　李卫伟　沈雨辰　张　隽　张景阳
　　　　庞　湧　赵晋军　高　梅　梁玉贵　董　良

制　　图（姓氏笔画）：

　　　　庞　湧　姜　玲　高　梅　董　良

凡例

一、 本书以文字、照片、图纸的形式，留下北京四合院的基础资料。

二、 本书是以北京旧城内的四合院建筑为研究对象，主要收录建筑时代较早；具有重要价值或有意义的纪念地，如名人故居、或重大事件发生地；各区域内建筑质量较好的院落，如格局完整或较完整、单体建筑保存质量较好，能代表本区域内四合院建筑特色的院落。部分保存较好的四合院，因种种原因，调查人员未能进入，故本书未能收录。

三、 本书沿用2010年北京市行政区划调整前的行政区划名称，即西城区、东城区、宣武区、崇文区。

四、 街道排序采取按方位顺序，先北后南，先西后东；胡同排序采用拼音字母顺序；门牌号采用先单数后双数顺序。

五、 本书词条采用一名一条，记述直陈事实，述而不论。

六、 本书中所附行政区划图，不做划界依据。

序

北京是一个拥有众多四合院的城市，也是出版四合院文化历史书籍最多的地方。在现有出版的几十部研究四合院文化历史的书籍中，仅这部著作让我感触最深，因为它出自具有30多年调查、保护和修缮实践经验的文物保护建筑师之手。每一张照片，每一幅图纸，都饱含科学和探求的精神。他们不是用盲目夸张的词语去赞美四合院，不是为了保护四合院而排斥一切现代生活要求，而是用饱含情感的线图、照片和文字真实地记录北京现存的四合院，让人们去研究、怀旧和评判，给发掘四合院价值的人们提供充分的素材。

首先，让我向编写这部书的作者表达深深的敬意，因为这部书的投入和付出同出版后的报酬无法成正比，同用文字畅想文化的畅销书无法竞争，因为它的受众范围小，但作者依然怀着崇高的事业心，小事情大制作来完成每个人的追求。

我在年轻时从事文物建筑保护的工作中，不止一次听到过人们对文物建筑保护提出的疑问"留那破玩意儿干什么，拆了盖大楼多好。"但我清楚他们也不希望我这样回答："从现在开始，把老旧四合院全拆了建成现代化住宅，直到没有人住在危房里。"实际上在此之前，文物保护工作者对四合院的危房早有了解，而且同许多住宅工程师一样，认为在研究四合院的基础之上才能得出一套保护和改造的计划。相对于那些年复一年"是拆还是保护"的辩论和争吵，以及之后迟迟无法落实的各种改造计划来说，我甚至觉得保护四合院有助于解决目前文物保护与合理改造的危机，这部书就是一个良好的开端。

这部著作所呈现的每座四合院都由文物工作者进行了详细地调查和测绘，这样不论今后这些四合院是否存在，人们都还能在书中寻到它们的印迹。

我相信，保护四合院所投入的资金，今后会有丰厚的回报，体会到保护四合院能够满足许多精神文化和物质的需求，远远超过拆掉几栋历史的院子而建几栋住宅楼的价值。

向淡泊名利的文物保护工作者致敬。

是为序。

侯兆年

前言

四合、宅院与其他

　　面对这部凝聚着周围同事们心血的书稿，我为北京的历史文化名城档案中能再添加这样一份翔实的资料而高兴，也与同事们一样感受到收获的愉快。高兴愉快之余，想起还有一些话是应该说的。

　　提起"四合院"，或许大多数国人即时反应在脑海中的是"那是北京的传统住宅"。多年来，四合院一直受到建筑史学界、文物博物馆界的关注，近年来更广为人知，甚至受到房地产商的追捧，并由此而做起一些专营四合院的生意。因受到关注乃至追捧，对四合院的议论渐多。很多人以为"四合院"自然是个颇有历史渊源的老名称，也有的文章归纳出"标准四合院""多进四合院"等多种类型，还有一个或是为抬高四合院身价的说法，说它是北京各类传统建筑群落的细胞，府第、宫殿、庙宇等等都是由"四合院"构成，或由"院"放大而成……凡此种种，既反映了人们对这种北方民居的关爱，也反映了因为人云亦云而产生的认识上的偏误。

　　若非于若干年前拜读过文物大家朱家溍先生一篇关于宅第的文章，我也许会认同上述的这些认识。经认真追究，觉得上列说法尚存商榷余地。

　　第一说，北京的旧式住宅历史上是否称为"四合院"。为此特将朱家溍先生在《旧京第宅》一文中所言转述于此："北京的住宅近年常使用'四合院'一词，在口语或文章中都常常见到。《中国古代建筑史》的明清住宅章节，对四合院有过这样的解释：'北方住宅以北京四合院为代表……住宅的大门多位于东南角上，门内建影壁……自此转西至前院。南侧的倒座……自前院经纵轴线上的二门(有时为装饰华丽的垂花门)进入面积较大的后院。院北的正房……东西厢房……周围用走廊联系……另在正房的左右，附以厨房和小跨院……或在正房的后面,再建后照房一排。住宅与四周由各座房的后墙及围墙所封闭，一般对外不开窗……大型住宅则在二门内，以两个或两个以上的四合院向纵深方向排列，有的还在左右建别院。更大的住宅在左右或后部营建花园。这个四合院的叙述是代表近年来的概念。'"

在引述近年来的"四合院概念"以后,朱先生接着讲了这样一番话:"上述的建筑格局,如果按照北京建筑行业传统术语,是不称为'四合'的。传统的'四合'解释,是专指东西南北房的一个简单的建筑组,全称为'四合房',简称'四合'。尽管房间数量不尽相同,院落有大有小,有'大四合''小四合'之称,但大小都是专指东西南北房,不分内外院,没有二门或垂花门,没有后照房和游廊等等。如果是大门内有二门,分内外院、正房、耳房、东西厢房,周围有游廊连接,有后照房,这就是起码的'宅'了。它和两个以上的院向纵深方向排列,以及建有别院,都同属于'宅'的类型,与'四合'不属于同一类型。"

至此,朱先生的文章清楚地说明了"四合"是指什么,以及"四合"与"宅"的区别。朱先生生前任故宫博物院研究员,是公认的文物博物馆界大学者。先生祖籍浙江,高祖朱凤标是清代道光年间的进士,曾任户部尚书,至先生迄,已居京五代。由其家世、经历,而必对北京传统文化民俗知之甚深,所言自然不虚。

那么,我们至少可以明确这样几个问题:其一,旧时只有"四合房"的称谓,并无"四合院"一词,"四合院"的叫法只是近几十年的约定俗成;其二,今所指为"四合院"者,旧时只叫做"宅";其三,"四合"非"宅","宅"非"四合"。由此看来所谓"四合院"一称就是一个综合了"四合房"和"宅"的新创名称了。换言之,宅院确是老物件,而"四合院"则是数十年来约定俗成的新称谓。

第二说,探讨一下宫殿、王府、寺庙等是否真由"四合"构成,或放大而成。分析一下前三者与后者的异同,问题就清楚了。

首先,比较一下二者规模,不用说"四合房",就算是"宅"(就算是叫四合院也罢)的规模也无法和宫殿,王府相比,房屋的规格形制就更不用说了。

其次比对一下二者平面布局。"四合房"或"宅"的院落都是四面建屋,以屋围合成庭院空间;换言之,是以庭院为中心的一种建筑群组平面布置。宫室、王府、寺庙则不同,虽然它们的有些生活空间是以院落为中心的平面布置,如故宫的西六宫少量院落,又如一些王府的礼仪性建筑以外的生活院落,再如一些寺庙的僧房、方丈院类,但其最核心的部分,都是以建筑物为中心做建筑平面布置的。如故宫三大殿、后三宫以及若干称殿、称宫的区域,又如王府中轴线的银安殿一区,又如寺庙的神佛殿堂所占区域。凡此,是"四合房"或"宅"与王府、宫殿、寺庙建筑组合上的根本不同。

再次，探究一下功能。在这方面毋须多述，二者功能上的区别尽人皆知。

从以上三方面的讨论，可知王府、宫殿、寺庙也由"四合院细胞"构成的说法不尽可靠。这也是本书不将王府归入住宅类的重要原因。

第三说，要捎带看看旧时北京的传统住宅到底有哪些类型。

翻开老一些的北京地形图，或向上翻到《京城乾隆全图》，那些历史资料上除了大宅院以外，还有"三合""两合""排房"等多种住宅组合形式，这些都加起来，才是旧京传统住宅的全貌。因此又可以说"四合院"不是旧京住宅的全部。但众多其它平面组织的老住宅大约是因嫌其简陋寒酸，大多在大建设中被消灭了，也被人淡忘了。而它们或许今后就无缘被人们知晓了。但随之，因住宅组合形式和区片所在的不同，造就的街区形态变化，丰富的街巷景观的历史已经过去了，名城已被规划得横平竖直的理想状态。这又是另一个话题了，这里不便展开。

追究了"四合院"称谓的来历，分析了传统住宅在规模、平面组织、功能等方面与宫殿、王府、寺庙的不同，又捎带看看不该被淡忘的其它旧京住宅类型，并非要为传统宅院"正名"，如同一些人愿意将港币叫做"港纸"，将"四合房"和"宅"合起来叫做大家喜欢的"四合院"也无可厚非。但称谓的由来和演变也是一部分历史，混淆视听的认识当有必要澄清。本文片语仅是从一个非正面的角度出发，提出一个增强、丰富、完善"北京记忆"的希望。这是做文物保护、名城保护、建筑史研究工作的人们不应忘记的。

还有一件与传统宅院、名城保护有关的事，要借这里说一说。若干年前，大约是2002年前后，我的同事们抢在"危改"之前对北京2000余处传统宅院进行了调查、测绘，当调查成果中的600余处宅院行将成稿出版时，其中的大量院落已在大地上消失了，那些院落就成了留在纸上的建筑了。

希望本书稿所记录的400余处院落不要成为留在纸上的建筑，要永远留在京城大地上，作为历史文化名城北京构成的重要实体，承载着其固有的文化信息传之久远。

韩 扬

目录

北京旧城旧宅院现状、保护与展望　　梁玉贵

西城区 | Xicheng District

新街口街道

什刹海街道

北京旧城旧宅院现状、保护与展望

梁玉贵

北京是闻名于世的历史文化名城，悠久的都城发展史，创造了其具有鲜明特色的历史文化和传统建筑体系。北京城中遍布内城和外城的各种功能的建筑群，尤其是大街两侧的胡同和整齐排列于胡同左右的旧宅院建筑群，是北京著名的四合式建筑体系的最主要成分。

民居的形成和特点，是一个地区文化面貌的重要标志，是一个地区政治、文化、民族、地理、伦理等综合因素的结合。不同的自然环境、不同的民族、不同的时代，人们居住的形式各有不同。尤其是在幅员辽阔、民族众多的中国，住宅的建筑形式更是多种多样的。在这些风格迥然不同的建筑文化中，以四合式旧宅院为代表的北京地区住宅建筑形式，就是中国传统建筑中具有典型地域特色的建筑。元代大都城从根本上奠定了今天北京的规模，形成了北京城特有的、具有浓郁民族风格和地方特色的建筑文化，以至于明清两代建造的北京城都是在元大都基础上发展变化的，而且基本上未超出元代的建筑模式。而后，经过明清两代的逐渐发展，特别是有清代的全面发展，使四合式建筑更加成熟和规范，虽然建筑格局有些变化，但是主要建筑形式并没有多少改变，正所谓万变不离其宗。由于四合式建筑极其适合中国北方地区传统生活模式，所以最终成为北京地区最有特点的居住型建筑代表形式。千百年来，北京城的民居建筑，都是以四合式建筑格局为主要建筑形式建造的。

四合式建筑有着十分丰富的历史和文化内涵，包含了浓郁的传统礼仪文化、封建等级严格的官位文化以及传统民俗和地域文化、传统的商业文化、地域建筑艺术等。这些内容成为中国最具建筑文化底蕴的象征之一，因而形成了京师特有的京味风格和建筑神韵。

北京现存的旧宅院主要为清代所建，特别是清代后期和民国时期的建筑最多。这些分布在京城各个大街小巷的旧宅院，具有研究北京历史、建筑、风俗、艺术等的重要价值，成为探索、研究北京城市历史发展和城市文化延续的重要实物资料，成为记录北京城数百年营建发展史的重要篇章。

2008年，北京市文物局北京古代建筑研究所对北京旧城范围内，除先期已经划定为危改区域的旧宅院之外的，所有的现存旧宅院进行了全方位的调研，并将所有文字、标图和照片等调研资料进行登记整理，为北京城旧宅院建筑的保护和北京古城发展与延续的研究提供了翔实的基础资料。本文就是在调研的基础上，对北京旧宅院的历史、建筑、风俗等方面进行了浅析介绍，以期达到保护京城旧宅院，延续京城历史脉络和京城历史文化的目的。

一、北京城旧宅院建筑的形成

北京城旧宅院建筑的形成，是与北京作为五朝古都的特殊政治和历史地位分不开的。长期居住在北京这块土地上的各朝代的统治阶层，如皇亲贵族、士大夫阶层、中等社会阶层等人群对居住环境有着相当高的要求，这就从各个方面促进了北京城市建设和住宅体制的发展与完善，从而形成了一整套具有深厚底蕴的住宅建筑文化。纵观北京城的建筑发展史，城市是住宅等建筑群的集合体，北京城不但容纳着百姓众生，而且也衍生出自身丰富的建筑文化内涵，并历代传承。

1. 北京旧宅院的源起

北京城的住宅形式主要是四合式建筑群，即人们常讲的北京旧宅院。旧宅院在中国民居中历史最悠久、分布最广泛，其历史已有三千多年，远在西周时期，旧宅院的形式就已初具规模。这种木构架体系、院落式组合，是中国建筑最突出、最根本的特点，从古至今一脉相承，未曾间断。北京旧宅院建筑最初形成于何时，并于何时形成一种广泛使用的建筑形制，由于缺乏翔实的历史资料，尚无法定论。目前，能够考证北京旧宅院最早的建造年代的资料，是1965年和1972年两次在安定门附近的后英房元代居住遗址的考古发掘报告，以及位于雍和宫北侧，原明清北城墙之下的元代居住遗址资料。后英房元代居住遗址由主院及东西跨院组成，总面积约2 000平方米。主院正中偏北，建有三间正房和东西两耳房。正屋前出廊、后出厦，建于一座平面略呈凸字形的砖石台基上，基高约80厘米。正房两侧有东西厢房。院落之间铺以砖甬道以相互贯通。西院南部大部分已被破坏，仅北部尚存一小月台。东院是一座以"工"字形平面建筑为主体的院落，有北房、南房及东西厢房。发掘时出土了彩画额枋、格子门、滴水、瓦当等瓦木建筑构件。元代建筑法规规定，大都城营建住宅"以地八亩为一分"，而此宅规模之大，推测该遗址建筑

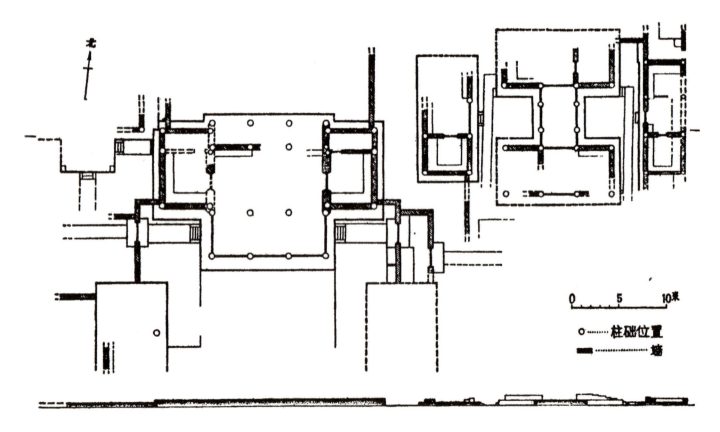

北

0 5 10米

○……柱础位置
▬……墙

遗址平面图

非一般贵族、功臣官吏的居住之所。这座遗址可视为元代官吏建筑的规范性建筑以及明清两代京城邸宅制度的渊源和旧宅院的由来。雍和宫北侧遗址为一座三合小院，主要建筑是三间北房，建筑在砖砌台基之上，正中是方形月台，台前用砖砌出十字形露道。北房明间带有后厦，据考古人员推测，这座建筑可能是某衙署的院落。这个遗址反映出早在元代时期，三合院的建筑形式在北京城就已经存在。从建筑历史发展的角度看，北京城旧宅院的形成是与元大都的兴建有着紧密联系的。因此，尽管旧宅院的建筑形态早在西周时期就已形成基本格局，但北京旧宅院的起源一般可追溯到元代。而明清时期定型的旧宅院格局，是经过多年演进而最后形成的。

元代是中国历史上一个统一的封建时期，其疆域之辽阔，堪称历代之最。其政治、经济、文化制度的变革，对后世影响颇为深远。特别是民居建筑的风格、特色和个性特点，在元代基本上已经定型。从山西芮城县永乐宫纯阳殿的元代壁画和北京后英房元代住宅遗址中，都可以看出元代北京贵族、官僚们的旧宅院建筑格局和形式。

历史上的元大都曾经是世界上规划

遗址复原图

最整齐、最完美的城市之一。现代的北京城，基本上保留了元大都整齐、对称、中轴分明的布局特点。元大都的建筑布局严格有序，泾渭分明。皇城位于内城的中心，内城围绕皇城而建。居民区以坊为单位，按街道进行区划，各坊之间以街道为界，街道以棋盘式布局建置。《周礼·考工记》："匠人营国，方九里，旁三门，国中九经九纬，经涂九轨，左祖右社，前朝后市。"城内的主要大街以南北方向为主，东西方向为辅，泾渭分明，小街和胡同则沿大街分列左右。每条胡同都与大街相通，全市各坊都规划有规则的方格道路相连，建筑格局严谨整齐。据元末熊梦祥所著《析津志》记载，元代"大都街制，自南以至于北，谓之经，自东向西，谓之纬"。元代的北京城平面略呈方形，内城占地面积38平方公里，街道的布局是纵横交错的棋盘式布局，非常规整。内城的街巷建筑体现了居民区的建筑特色，"大街二十四步阔，三百八十四火巷，二十九街通[1]"。当时，元世祖忽必烈"诏旧城居民之过京城老，以赀高（有钱人）及居职（在朝廷供职）者为先，乃定制以地八亩为一分"，分给迁京之官贾营建住宅，根据工作和生活的需要，为不同阶层提供了面积不等的建房宅地，作为全市基本的居住性建筑的历史选择，特别是统一规划了最适合北方人居住的旧宅院建筑形制。全市居民分布于各个坊巷之中，居民住宅规整划一，其朝向、纵深、高矮、大小都要受到城市整体规划的制约。从对民众的控制与管理的角度看，城内居民都被控制在划地而成的坊巷居住区中，这样，坊巷就成为一种特定的统一管理下的居住形制，既体现了统治者对民众的严密控制与防范，又保证了城内的正常生活与社会秩序的稳定。从北京城市发展史的角度观察，元代大都城的整体规划建设理念，确立了我国自元代以来统一国家都城的规划建设的基础，对明清都城的确立，创造了条件并提供了发展空间。明清两代北京城的格局虽有变化，但基本上保留了元代北京城的营建理念。

2. 北京旧宅院的全面发展

明代的城市建筑基本上继承了元代的城市建筑布局和建筑形式，并根据北京城的城市格局进行了全面的建设，特别是北京旧宅院的建造成为京城建筑的重点，不论是官邸府衙，还是平民百姓的房舍，都以四合式建筑形式面世，所以，从理论上讲，明代京城的四合式建筑是北京城旧宅院全面发展的阶段，为北京城后来的城市建筑模式奠定了基础。

明代的北京城是在元大都的基础上建造的，从永乐初年（1403年）开始，北京城进行了延续了15年的大规模重新营建工程，其后历代帝王又陆续修建，形成了今天北京城的整体规模。明初，为了防范蒙元残余势力的侵扰，统治者在营建明北京城时，将大都城北城墙向南缩进五里。而在明嘉靖年间又将北京城南面的商业繁华地区纳入城市之中，即增建了北京城外城。明北京城建成后，无论是内城还是外城，仍继续实行元代以来坊巷规划管理方式。北京城的建筑布局以皇宫为中心，街道全部按经纬排列，街巷的格局也是以棋盘式布局建置。其中宽度和规划正规的胡同，集中在皇宫附近的东西两侧，沿街道由南向北整齐地排列，这些胡同中的民居多为皇亲贵族所住。而尺度较窄而且建造简陋的胡同建筑，大多在离皇宫较远的南北两个方向，其中民居多为商贾平民所住。纵观明代北京城的住宅建筑格局，不难看出明代基本上完整地沿袭了元大都的坊巷制度和建筑功能的布局。

另外，明朝时期统一的多民族的国家最终形成，各民族之间的经济、文化交流更趋频繁，而且渐趋融合。同时对外交流日益扩大，北京的经济、文化发展更加广泛。这个时期的北京旧宅院建筑文化在元代住宅建筑的基础上发展变化，文化内涵更加丰富，无论在建筑布局、建筑技术、建筑形制，还是建筑装修等方面都日趋成熟，成为北京旧宅院发展转折的重要阶段。数百年来，胡同加旧宅院的基本格局没有发生太大变化，这种成熟的建筑理念得益于意识形态、经济文化、社会环境的稳定，胡同和旧宅院居住者身份的稳定。

清代定都北京以后，大量吸收汉民族文化，基本上承袭了明代北京城的建筑风格。除个别地方外，对宫殿、城池、街衢、坊巷住宅等都未作大的变更，基本维持了明代面貌。清北京城就是在这个基础上，特别是清代经过不断地改造和扩建，最终形成了今天北京城的规模。

清代是北京旧宅院发展的巅峰时期。这个时期的北京旧宅院建筑文化的特色也最终形成，旧宅院建筑的特征基本定型并发展到巅峰，进而这种建筑形式成为中国北方最具特色的传统建筑形态，也是古代北京城唯一的建筑模式和建筑体系。《日下旧闻考》中引元人诗云："云开间阖三千丈，雾暗楼台百万家。"这"百万家"的住宅，便是如今所说的北京旧宅院。

清王朝早期以"拱卫皇居"的名义，在北京实行了"满汉分制"居住制度，满汉分城而住，汉人全部迁到外城居住，内城只留满族和蒙古族居住，不允许汉人进入内城营建宅第等。《天咫偶闻》："内城诸宅多明代勋戚之旧，而本朝进京大族，又互相仿效，所以屋宇日华。"其结果反而促进了外城的发展，同时，也使内城的府邸宅院得到进一步调整充实。《天咫偶闻》："内城房式，异于外城。外城式近南方，庭宇湫隘，内城则院落宽阔，屋宇高宏。"这种"满汉分制"的政策在清代中期以后开始松动，官僚、富商竞相在北京城建造大型宅院，这些大型的建筑群，从建筑布局到建筑形制仿效皇家建筑的形式，是为北京城大中型旧宅院建筑群的主流群体。清代末年到民国时期，中国社会处在极不稳定状态，内战频繁，大多数官宅在被变卖后又不断地被拆改、添建，部分沦为居民大杂院，逐渐支离破碎，多数已失原貌，甚至残毁殆尽。总体看来，京城旧宅院的发展在清代后期已经发生了变化，特别是到了清末时期，胡同的格局已打破了千篇一律的形式。新形成的胡同，多数集中在外城，其中建筑参差无章，许多旧有的胡同，不再整齐划一，居民成分也有所变化，胡同面貌到此由盛到衰。这是北京胡同随着封建制度开始瓦解的一个自然的发展趋向。

清末民国时期，由于社会的变革和外来文化的影响，北京的旧宅院建筑在建筑文化方面也发生了细微的改变。首先是在官宦和生活殷实的阶层，为追求时尚，一改从前庄重、守礼、封闭之感，致使原有的居住的等级和封建规范礼尚等方面发生了急剧变革，这时期建筑竞仿西方的居住模式，更以生活居用的方便、卫生、舒适为目的。其次，伴随着西方殖民势力的入侵，西方建筑文化对北京传统的旧宅院建筑文化产生了巨大的冲击，这个时期建造的旧宅院或多或少都会加入一些西洋建筑的装饰成分，最典型的就是圆明园式随墙门的使用，这种形式的大门更多用于官位不高和缺乏雄厚经济基础的社会阶层。但是无论社会如何变化和动荡，北京旧宅院的建筑体系基本上保持了明清时期的建筑形制。

二、北京旧宅院的文化内涵

北京旧宅院作为构成城市建筑体系的基本单元，其建筑布局和建筑形式与城市的总体布局密不可分，不仅具有必要的建筑功能，而且还具有深厚的文化内涵，这是使之永久传承的重要因素。

四合式建筑的兴起和发展以及传承，自始至终都受到宗法、风水、等

级、社会地位、经济等多种因素制约。旧宅院的文化内涵集中了中华民族对自然、人事等方面认识的成果，形成了综合各种知识和传统的旧宅院文化，这正是北京旧宅院建筑文化的真谛所在。它的社会背景和理念就是宗法制度和伦理道德以及风水理念等。建筑是社会意识的反映，同时也是地理环境因素和人为因素的反映，而社会意识是决定建筑形式的主要因素。北京旧宅院建筑文化内涵深厚，才是能够延续千年的根基。

宗法制度是旧宅院文化内涵的重要组成部分，而旧宅院建筑则是这一理念的建筑表现形式。古代的宗法制度是以家族为中心，以血缘关系为纽带，按照血统远近区别亲疏的法则，能够体现古代社会尊卑有等、长幼有序、上下有分、内外有别的思想和规制。进入文明社会后，以血缘家族为核心的宗法制度随着私有制的出现和发展，成为贯穿中国古代社会几千年的思想统治和社会结构的核心。这个时期的宗法制度体现不同宗族成员的不同地位，用以维系亲情、维护尊长特权。这些方面都在旧宅院建筑的格局、建筑形式、建筑规模等方面得到了验证。例如，在宗族势力下，人们生前聚族而居，死后也都埋葬在本宗属的墓地。这种建筑文化理念加强

了宗族内部的凝聚力，使得同一宗族的人享有共同的祖先、共同的住所、共同的墓地。从文化内涵的角度去深入观察，可以认为北京的旧宅院是这种思想理念的物质家园和族居的建筑形式，是中国封建社会维系千年的因素之一。

等级制度是旧宅院建筑设计中的重点体现，也是中国传统政治文化在建筑上的具体反映。中国封建社会中封建等级制度极为严格，就旧宅院建筑来讲，其规模大小和建筑形制都有着严格的规定。等级制度规定，中小型旧宅院用于普通民宅，大型旧宅院或者超大型旧宅院主要用于官宅和衙署。旧宅院建筑设计中严格遵循《大清会典》中规定，对大门的等级、院落的层数、主体建筑的规模以及建筑物上的装饰如梁架彩绘、屋脊兽吻的数目、门钉数目，甚至屋顶用瓦的类别和颜色等，严格地控制在规定范围之内，绝对不能逾越。例如对大门形制的规定，其形制可以分为王府大门、广亮大门、金柱大门、如意门、蛮子门等。这不同种类的大门不仅是建筑形式上的区别，更重要的是体现了森严的等级观念，以至于从院落的外围观察，只要从大门、戗檐、门钉、影壁或门板等局部形式就可以知道其主人的身份和地位，是文官，还是武将，是殷富之家，

还是一般百姓，于一斑可窥全豹。正所谓门当户对，门第相当，充分体现了封建社会中封建等级制度的严格性。

伦理道德和伦理教化是旧宅院文化内涵的又一组成。北京旧宅院的建筑形式深受儒家哲学思想的影响，讲究堪舆的营建，以空间的等级区分出人群的等级，以建筑的秩序展示了伦理的秩序。整个旧宅院的建筑格局十分注重尊卑有等、贵贱有分、男女有别、长幼有序之礼。例如主人和长辈的房子占据庭院中最为重要的地位，子孙等晚辈次之，下人等住房位于全院的最外面或者偏僻角落。这些看似简单的布局和形式，凝聚着深厚的历史文化积淀，充分体现了中国封建社会礼与乐的统一结合，以及强调规范性和等级观念。这种营建理念造就了旧宅院严整、凝重、和谐的建筑品位，这也正是旧宅院有别于其他建筑类型的独到之处。

旧宅院的营建极讲究风水，建筑风水是旧宅院文化内涵的突出部分。风水学说，实际是中国古代的建筑环境学，是中国传统建筑理论的重要组成部分。中国古代历朝历代统治者都设司天监或钦天监，负责测定阴阳风水。清代统治阶级更是注重风水，凡遇大的工程营建，钦天监都要派专人相阴阳，定方向，诹吉兴工，仪式

十分隆重。

风水，也叫堪舆，封建社会中被广泛用于营建和陵墓的选址等方面。风水因素是中国古代时期产生的一种生活环境的设计理论。风水是一种精神支配力量，也是一种心理安慰力量。由于宗法与风水的威慑作用，使人们惧怕一种外来的力量。《周易》："圣人以神道设教而天下服矣。"《礼记》："百众以畏，万民以服。"所谓迷信风水，是因为害怕，所以才信服。例如建筑设计者认为住宅周围的地势、方向能招致居住者一家的祸福。因此，居住在风水师勘查过的宅院中，人们心里很满足，很踏实；违背风水，人们就惶恐不安。

北京旧宅院的形成，风水是其内涵中至关重要的因素之一。其建筑布局和建筑形制主要吸取了中国的《易经》、八卦、风水、阴阳以至儒家、道家、佛家的一些理论原则。其营建理念强调的是"天人合一"，即人对环境的影响与和谐关系。不触犯神灵和祖先的禁忌，顺应自然地发展，又符合伦理规范的要求，力求营造一个适合人类舒适生存的氛围，子子孙孙，繁衍发展。例如北京城旧宅院风水最讲究的是大门，风水讲气，宅门为气进出之口，故大门如何设置、处理非常重要，

正房及东西厢房

所谓一门定吉昌。风水理论上强调旧宅院大门是该建筑群重要门户，是内外空间分隔的重要标志。阳宅三要："门、主房、灶"及六事："门、路、灶、井、坑、厕"，门为第一要素。风水学家认为："大门吉，则合宅皆吉矣。总门吉，则此一栋皆吉矣。房门吉，则室内皆吉矣。"千百年来，无论旧宅院建筑如何演变，旧宅院大门的位置却是始终如初，足见中国古代风水理论的根基之牢固。

北京旧宅院十分重视格局、建筑形式以及建筑的装修等，整个院落布局严谨、宽绰、疏朗，给人一种雅静舒适之感。特别是旧宅院的装修、雕饰、彩绘也处处体现着民俗民风和传统文化，表现出人们对幸福、美好、富裕、吉祥的追求。例如以蝙蝠、寿字组成的图案，寓意"福寿双全"，以花瓶内安插月季花的图案，寓意"四季平安"，而嵌于门簪、门头上的吉辞祥语，附在抱柱上的楹联，以及悬挂在室内的书画佳作，更是集贤哲之古训，采古今之名句。或颂山川之美，或铭处世之学，或咏鸿鹄之志，风雅备至，充满浓郁的文化气息。除此之外，正对大门的部位建造宽大的影壁，上书"福""禄""寿"等象征吉祥的字样，或者在影壁的墙心绘上吉祥的图案，如"松鹤延年""喜鹊登梅""麒麟送子"等，给四合院内制造了一种书香翰墨的气氛，文化内涵丰富，全面体现了中国传统的居住理念。

三、北京旧宅院的建筑特色

1. 北京旧宅院的建筑格局组合方式

旧时的北京，除了紫禁城、皇家苑

囿、寺观庙坛及王府衙署外，便是那数不清的住宅建筑群。数百年来，北京四合式建筑作为老北京人世代居住的住宅，始终是京城主体建筑的主要建筑形式，无论它的功能如何变化，庭院的布局、建筑的等级、建筑的规模有所不同，无论是普通民宅还是官宅，其建筑格局始终是四合形式

围合起来的单进院落或者多进院落组成的建筑群。

北京旧宅院虽有一定的规制，但由于旧宅院中居住的人群身份不同，所以旧宅院的规模大小也是不同的。从建筑规模上看，大致可分为小型旧宅院、中型旧宅院、大型旧宅院和超大型旧宅院等建筑

类型。具体来说，中型和小型旧宅院一般是低级官员或普通居民的住所，这种院落构筑简单、门面狭窄、房墙低矮、装修简陋，这些等级较低的建筑群大部分建于外城。大型院落则是官邸、官衙用房，这种院落建筑考究，庭院廊柱、雕梁画栋，附带前后跨院。

正房

（1）大型院落的组合方式

北京人习惯上将官衙和官宅等大型院落称作"大宅门"，它们是北京大型院落的代表作。

大型院落一般都是复式旧宅院，即由多个旧宅院向纵深相连而成，占地面积极大。建筑布局有一进院、二进院、三进院、四进院等，有些院落还建有偏院、跨院、书房院等，府邸官宅还独立建有马号等建筑，如位于东城区的崇礼住宅。这些大型建筑群每进院落相对独立而又相互连通，院内有院，院外有园，院园相通，院内均有抄手游廊连接各处。大型院落不仅院落重叠，建筑规模宏大，而且建筑高大雄伟，房屋建筑前廊后厦，垂花门、游廊以及影壁等，建筑都十分讲究，壮观气派。有个别庭院还带有小型花园，这也不是一般旧宅院所能比拟的。

（2）中小型旧宅院组合方式

中型旧宅院一般都有三进院落，正房建筑高大，厢房、耳房分布于正房的东西左右，自成一个院落，院内均有抄手游廊连接各处。垂花门是内外的分界线，也是中型旧宅院与小型旧宅院建筑形制上的区别。一般的中型旧宅院以院墙隔为外院和内院，院墙以月亮门相通。外院进深浅显，房屋建筑尺度要比内院的厢房小一

些，它多用作厨房或仆人的居室。内院为主人居住房，院内方砖墁地，青石台阶，建筑颇为讲究。

（3）小型旧宅院组合方式

小型旧宅院布局较为简单，一般由北房、南房、东西厢房组成，正房大多都用隔断分成一明两暗或两明一暗。院内都有青砖墁的甬道与各室相通。老北京人一家两三辈人多住这样的小型旧宅院，其中长辈住正房，晚辈住厢房，南房一般作为客厅或书房使用。

2. 北京旧宅院的建筑特色

北京的旧宅院之所以能够延续千年长盛不衰，除能够适应北方地区的气候环境以外，还在于它的构成有其独特之处，因此在中国传统住宅建筑中具有典型性和代表性。经过数百年的营建，北京四合式建筑从平面布局到内部结构、细部装修都形成了京师特有的京味建筑风格。

北京旧宅院的建筑特色是多方面的。第一是外观规矩，中线对称，而且用法极为灵活。在建筑布局上，北京旧宅院的中心庭院从平面上看基本为正方形，这一点与其他地区的四合式民居有所不同。譬如山西、陕西一带的四合式民居，院落呈南北长而东西窄的纵长方形，而四川等地的四合式建筑，庭院又多为东西长而南北窄

的横长方形。

第二是旧宅院的东西南北四个方向的房屋各自独立，东西厢房与正房、倒座房的建筑本身并不连接，而且正房、厢房、倒座房等所有房屋都为一层，除个别较大的宅院外，一般的院落没有楼房，连接这些房屋的只是转角处的游廊。而南方许多地区的四合院，四面的房屋多为楼房，而且在庭院的四个拐角处房屋相连，东西南北四面房屋并不独立存在，所以南方人将庭院称为天井。虽然东北地区汉族的套大院（东北农村四合式建筑），与北京四合式建筑有相同之处，但却不具备北京旧宅院文化内涵丰富这一特点。

第三是旧宅院的坐落方位和主要建筑的朝向。北京的旧宅院基本上以坐北朝南院落朝向为最好，坐南朝北的次之，但也有些大型院落，因为地理环境的原因，或朝东或朝西。从整体上看，大型院落等一些有地位的建筑群基本上以南向的方位居多。无论建筑群方位如何选向，主要看院落中主要建筑的朝向。北京自古有"有钱不住东南房，东不暖来夏不凉"的民间说法。庭院中以北房为最好的位置，西房次于北房，而东房和南房的朝向较差，不是理想的居住方位。因此，北京人在建造住宅时，只要条件允许，一般都要将正房

定在院落的中线和坐北朝南的最佳位置，然后再按次序安排厢房和倒座房等围合建筑。数百年来，这种建筑布局成为北京城皇城以及内城主体建筑群的主要建筑格式。但是，在一些不太规范的街区，尤其是缺乏统一的建筑规划而属自然形成的北京外城居住区，有些旧宅院因受地理位置的限制，例如受到河流走向的影响，院落的朝向不能以正南或正北来划分，从调查的情况分析，在这一地区院落的朝向朝东或朝西方向的不在少数。而且，有些院落的方位属于不正的方位，这种状况成为南城住宅建筑的特点。

第四是大门的方位和形制。就旧宅院而言，最受重视的要算是宅院大门了。旧宅院大门，北京人习惯叫它街门。除一些规模很大的府邸大门位于建筑群中轴线最前面以外，标准旧宅院的大门一般都建于庭院的东南部位。

北京旧宅院所建大门的位置主要是受传统的建筑风水学的影响。一般都建在庭院的东南角，称为青龙门，青龙为吉。风水学称这种布局为坎宅巽门，最吉利。宅院风水术讲究"坎宅巽门"，"坎"为正北，在"五行"中主水，正房建在水位上，可以避开火灾；"巽"即东南，在五行中为风；北京皇城和内城的一些大中型宅院的主人

一般都是做官的，官属火，门开在南边，风助火势，自然会官运亨通。另外，北京地处华北平原，冬天多刮西北风，夏天多刮东南风，大门开在东南面，冬天可避开从西北来的凛冽寒风，夏天则可迎风纳凉，真可谓一举两得，相得益彰。

旧宅院的大门可分为屋宇式和墙垣式两种。屋宇式大门的住宅一般是有官阶地位或经济实力的社会中上层阶级居住，墙垣式大门的住宅，则多为社会普通百姓居住。

屋宇式大门的建筑形制可分为府门、广亮门、金柱门、蛮子门和如意门几种不同类型。屋宇式大门中除府门外，以广亮大门的级别最高，而以如意门建造使用最为普遍。在建筑形制上屋宇式大门级别要高于墙垣式大门，墙垣式大门是旧宅院中级别最低的。在等级森严的封建社会，大门的建筑形制也是宅院主人身份和地位的象征。因此，人们对大门的称谓、形制和等级都是非常重视的。

除此之外，在北京城的外城还流行一种窄大门。北京的南城，由于历史和地域的缘故，这里胡同密度大，走向不规范，平民注重用地的经济性远大于住宅的气派，甚至大于实用要求。由此造成建筑规格普遍缩水，主要建筑面阔进深面积缩

小，作为住宅门面的大门也没有幸免。因此，在南城除特殊情况外，大门一般不用广亮大门，内城常见的如意门也使用不多，大多数是一间改成的、一破二的半间窄大门。这种大门的宽度在1.5米左右，有的甚至在1米之内。连带的大门饰物也都变小，例如门鼓、门簪等。不过，除了尺度较小之外，窄大门的外观还是按照普通大门的做法建造。在南城，这种尺度变小了的大门比比皆是，形成了南城旧宅院大门独特的建筑景观。

四、旧城内旧宅院建筑现状

北京旧城现存的旧宅院建筑大多建造于清后期和民国时期，一般都有七八十年以上的历史，有不少大中型的院落其建造年代都在百年以上。新中国成立后，由于国家房屋政策的缘故，加之体制和资金等多方面的原因，造成大量的旧宅院建筑群年久失修，使这些古老的建筑逐渐失去了原有的建筑形式和风貌，影响了北京城的良性发展和延续。

从整体调查情况分析得出，北京旧城现存的旧宅院建筑总体上可以划分为保存较好和保存一般这两大类别。

1. 原有建筑保存较好院落

属于这一类型的院落，原有的建筑格

局保存较为完整，建筑主体外观、建筑门窗等装修保护较好，庭院内违章建筑较少或没有，院内明亮宽敞，地面基础平整，铺装完好，环境幽雅，基本上保留了原有的建筑风格和意境，属保存状况较好的院落。这种类别的院落使用者多为社会条件好、有较大影响的大中型机关单位职工住宅、机关单位办公地、私人住宅或者领导住宅等。调查资料显示，这些院落多数有专人管理，生活配套设施比较齐全，特别是院内人口密度很低，因此人为地破坏和改造原有建筑的现象很少或者基本没有。这种类别的院落是北京旧城旧宅院的典

型，是原来旧宅院建筑形式、建筑风格的真实写照。从调查资料统计来看，北京旧城中属于这种类型的院落，占京城旧宅院调查范围的20%~30%。

2. 原有建筑保存一般院落

属于这一类型的院落，原有的建筑格局基本保存，建筑主体外观部分仍保存原有的建筑形式，但屋面、山墙、檐墙等容易损坏的部分翻改比较普遍，门窗等建筑装修部分为适应现代生活需要而普遍后改。这种类别的院落在旧城调查中所占比例最大，是现今北京旧城保存的旧宅院中最主要的部分。这一类型的院落住房普遍

存在保养和维修欠缺，居住环境相对较差等问题。从调查资料统计来看，北京旧城中属于这种类型的院落，占京城旧宅院调查范围的40%~50%。

在调查的区域中，还有相当一部分的院落保护条件更差，但该类型的旧宅院建筑不在本书收录的范围之内。

五、城市改造与旧城、旧宅院的保护

北京旧城区的胡同和旧宅院是中国传统建筑文化、建筑艺术的重要成分，是构成北京城建筑的基本元素。历史悠久，风

保存状况较好的院落——正房

格独特，完整的建筑围合，优雅的生活氛围，构成了北京民居成熟的建筑体系，受到众多中外人士的青睐和喜爱，并成为中国北方城市建筑形式的典范。如何保护这些历史上传承下来的旧宅院，延续北京城传统建筑的古典风格和城市建筑布局，以及北京旧城如何适应新的形势和现代都市发展的必然规律，是当前城市改造和变革的重要研究课题。

1. 旧城保护与改造

旧城保护是利用行政和技术手段，保

保存状况较好的院落——正房

保存状况较好的院落——南房

证城市原有的建筑格局和建筑风格不受外来因素的影响和破坏，旧城保护与改造都是时代进步的需要，保护胡同，保护旧宅院，对于保护古老的北京城，保护人类古老的建筑文明，沿袭和传承古老建筑文化具有非常重要的意义。

从城市建设延续和发展理论上讲，中国古代城市发展的进程中，历朝历代的城市建筑都是在继承前人成果的基础上，又根据时代的需要，变化、改进、创新，形成一种新的、功能更进步、更完善的建筑体系，才能适应人类居住环境的发展和需要。从北京旧城的历史发展来看，构成北京城建筑体系的旧宅院也是遵循这个规律不断改进、创新发展起来的。

随着时代的进步，人类生活水平的发展和提高，四合式旧宅院这种古老的传统建筑组合，在一些实用功能上已无法达到现代人类生活最基本的要求。伴随着中国社会经济规模性发展，古都北京城也开始了向城市现代化建设的转换，原有的旧宅院建筑形式和建筑理念以及使用功能，由于时代的变迁，已经达不到现代人民的生活水准。从历史发展的角度看京城旧宅院的兴衰，可以清晰地看出北京旧宅院的发展过程。经过明、清的极盛时期，到清末民初即显衰落，特别是民国后期，

由于战乱等多方面原因，北京的旧宅院除部分机关团体和富裕阶层的人群使用外，其余的大多数院落处境堪忧，有很多院落由原来的独家居住形式改变为数家共同使用，有相当部分的院落甚至演变为大杂院。新中国成立以来，随着时间的推移和城市人口的变化，原有的居住理念和使用形式功能逐步丧失，空间利用局限过小等诸多不利因素制约了传统建筑的利用和发展，致使旧宅院内的建筑密度提高，这样更加剧了院落中房屋杂乱无章，大部分旧宅院已经面目全非。因此，北京旧城区房屋改造，改变城市环境，提高居民生活水

保存状况一般的院落——厢房

平，已成为城市发展的必然。20世纪90年代以来，北京市大规模的城市改造工程开始启动，建设新北京，将北京打造成世界闻名的现代大都市，成为京城发展的大趋势。随着改造工程的不断发展深入，新旧两种文化的认知问题也逐渐显现，现代建筑与传统建筑的兴衰和历史文化的延续，成为城市改造中需要认真对待和解决的重要课题。伴随着城市大规模的改造工程带来的是另一个同样引起社会瞩目的问题——如何在改造工程中做好最具古都传统特色的四合式建筑的保护，保护历史名城已逐步演变为全市乃至更大范围所普遍关注

的重要问题。正确解决两者的关系，调整北京城改造的部署，成为当前城市发展的关键。

对此，国务院和北京市政府加大旧城保护工作的力度，制定相应的保护措施，逐步加强由政府主导保护胡同、保护旧宅院格局的旧城保护方式，加快实施以历史文化保护街区为核心的旧城整体保护，对保护北京旧城和城市现代化建设起到了正确的导向和推动作用。

2. 建立健全旧城内胡同和旧宅院保护机制

北京旧城区的胡同、旧宅院建筑群，是北京最重要的历史文化资源之一，最大限度地保护这些古老的传统文化建筑，规范城市改造和城市建设，制定统一的保护措施，是北京历史文化名城传统建筑保护的重要工作。

必须保护北京胡同、旧宅院的原因很多，其中最主要的原因是胡同、旧宅院承载的北京帝王时代的市井文化，是北京不可割舍的历史文化的一个层面，特别是建筑文化的层面。从有了都市的几千年以来，中国帝王时代的都市市井建筑，只有北京尚存。从这个意义上说，北京的胡同、旧宅院和故宫、王府等皇家和官家建筑群具有同等重要的历史价值和文化价

保存状况不好的院落——正房　　　　保存状况不好的院落——厢房

值。因此，保护北京胡同、旧宅院建筑，将被视为保留老北京的历史脉络，进而提升到保留民族文化建设的高度。值得提出的是，从国务院到北京市政府都十分重视这个问题。

第一，北京市政府加大了对京城旧宅院保护的力度，先后公布了30片院落保护较为完整的集中区域为历史文化保护街区，用行政手段强化了对旧城区的胡同及旧宅院的集中性、规模性保护。第二，针对保护街区的划定，制定并公布了街区的保护范围和保护规定，从多方面、多角度地对保护街区进行系统地、全方位地有效管理。第三，对城市改造的区域加强了整治，杜绝野蛮拆迁、"推光头"的违纪行为，对改造区域中保存较好的旧宅院，采取多留少拆的政策，有效地遏制了旧城区老宅院的消失现象。第四，加强社会舆论的监督，强调对传统建筑保护的原则性，加大宣传力度，提高公众的历史文化

保护意识。第五，对保护街区之外的，原属危房改造区域中的，保留现状较好、规模较大、保护价值较高的院落采取了挂牌保护措施，全部登记在册，并制定了相关的保护政策，此项工作由市政府亲自督办实施。第六，在北京市政府颁布的各项胡同、旧宅院、街区保护政策基础上，国务院于2005年1月出台了关于《北京城市总体规划的批复》的文件，对北京市的空间布局做了很大的调整，改变了原来单中心均质发展的状况，提出了构建城市空间新格局，提出了构建"两轴、两带和多中心"的新思想，为城市的空间结构调整和新旧建筑的关系制定了明确的原则和措施，为北京城的发展规划提供了具有历史和现实意义的新途径，减轻了旧城的压力。这些具有前瞻性和深远意义的政策和措施，将使得北京旧城区中的传统旧宅院建筑重新回到历史文化名城中原有的位置，并纳入到历史文化名城永久保护的

范畴。

3. 更新保护观念，正确处理旧宅院的保护和利用关系

传统旧宅院建筑文化要继承、发展和创新，需要更新保护观念，正确处理旧宅院的保护和利用关系，创造出既有传统特色又具有现代理念的北京旧宅院。

旧城内保留至今的旧宅院建筑，几乎都有着几十年或上百年的历史，总体看来，大多数旧宅院保存有丰富的传统信息和历史文化内涵，有较高的保留和利用价值，可以作为古都风貌予以体现。随着城市发展和旧城保护的需要，对京城旧宅院从所在区域、建筑格局、保护状况等多方面着手，正确处理胡同、旧宅院的保护和利用的关系，根据不同的具体情况，提出不同的保护标准，根据不同的区域，提出不同的保护措施很有必要。首先，要将保护街区与非保护街区的旧宅院加以区别。从整体察看，保护街区的旧宅院建筑的现状普遍保护较好，其保护的原则，是对这些建筑群原格局、原形制以及装修和功能等多方面加以全面的保护，没有特殊情况，修缮和复建等都不能改变原来的建筑格局和建筑形制。而非保护街区的情况就比较复杂，保护原则的制定，是对这些地区传统建筑特色和风貌加以重点保护，对

于这些地域内的非传统建筑和已经完全改动的建筑群体则没有统一的规定。其次，保护旧宅院建筑传统外观与现代装饰装修相结合，提高人民居住水平。旧宅院建筑的保护与文物建筑的保护有很大的区别，文物建筑强调原真性，而旧宅院建筑则强调保护和使用相兼容。实践证明，北京旧城区大量存在的旧宅院建筑，在不改变其原有的外观性质前提下，对其内部进行现代化的装饰和装修，增加或改善必要的生活设施，提高传统建筑居住的舒适性，这样的保护措施，不但可以使得古老的旧宅院适应现代生活需要，而且对北京旧城的建筑保护和古代建筑文化的延续也是至关重要的。

4. 广开渠道，吸收各方资金，对现有的旧宅院精心修缮和修复

北京旧城胡同、旧宅院的改造和保护是一项艰巨的和有深远意义的工作，广开渠道，吸收各方资金，对现有的旧宅精心修缮和修复，是一项有重大意义和深远影响的工作，同时，为京城的总体保护提供了宝贵的经验。

北京旧宅院是北京古都风貌的重要组成部分，是构成京城建筑体系的基本单元。从广义上来说，保护古都风貌就是要保护旧宅院，二者是相辅相成的。新中

国成立以来，北京在城市建设的发展中，忽视了对传统建筑的重视和保护，加快了京城旧宅院建筑的破损速度。而且，由于历史和政策的缘故，京城人口膨胀，但城市建设发展缓慢，形成了人口与住房的极端化，一些居民生活空间极度狭窄，生活环境较差。要改变这种困难局面，政府调控是主要因素，动员社会的力量则是重要的辅助因素，而且，从局部或者小规模区域范围来看，社会力量所释放的能量和达到的效果更是至关重要的。旧宅院修缮和修复是一项耗资巨大的工程，无论是微循环改造，还是规模整治，必须要有好的政策和经济实力做后盾。打破城市建筑管理上的一些清规戒律，广开渠道，吸收社会各方的资金，才能够使京城的旧宅院建筑现状得到根本上的改变，从而得以延续下去。首先，动员社会多方力量和私有资产，投资京城旧宅院的保护事业，可根据财力，购买单个院落或者群体院落，然后按照原有的建筑格局和建筑形制进行修缮。北京市政府出台了《关于鼓励单位和个人购买北京旧城历史文化保护区旧宅院等房屋的试行规定》，动员全社会的力量参与北京历史文化保护区房屋建筑的保护和修缮工作。购买旧宅院的单位和个人均

可享受税费优惠，并首次允许境外企业和外国人购买。除了用于居住，据调查有相当的购买者，买卖旧宅院的最终目的是进行投资。买者看中的是北京旧宅院和胡同的历史价值、文化价值，以及潜在的升值力量，投资的利润空间相当大。此外，也有用于商业经营，比如旧宅院酒吧、旧宅院咖啡厅、旧宅院宾馆等都受到经营者的追捧。购买人或单位须按照京城旧宅院保护街区的相关规定，搬迁其中的住户，恢复修缮院落原有的建筑格局和建筑形式，还原旧时的建筑风格。其次，逐渐推进宅院私有化，促进旧宅院良性发展。调查中发现，京城中保存较好的旧宅院建筑，除一些中直机关宿舍、知名企事业单位用房或领导住宅外，就属私人住宅的建筑保存得最好了。不论建筑的规模大小，从建筑的格局到形式方面，都是一般的院落所无法相比的。尤其是私人宅院的主人，都对祖辈留下的祖产有着很深的情感，他们之中的绝大多数都不愿意离开属于自己的固定资产，更不愿意祖产毁灭，愿意自己出资维修维护宅院建筑，只要不拆就行。这些维系情感的建筑群体，不论规模大小，主人地位高低，在保护院落中占有举足轻重的地位，特别是旧城内城的范围内，其地位和作用更为重要。因此，在旧城改造

中，有条件的、有目的地将一些旧宅院逐渐私有化，是促进旧城保护的要素之一。再次，由政府或房管部门出资，有目的、有针对性地修复地域型、规模型的旧宅院，然后推向社会，再用回收的资金去修复更多的旧城内的住宅建筑，形成住宅建筑的良性循环，这样既规划和保护了传统建筑，保存了古都北京的历史风貌，同时，也将这些旧宅院有偿地利用起来，促进了北京房地产业的发展。

5. 以街巷为保护中心，保护延续原有的历史脉络

北京旧宅院是根据北京城的街巷胡同为基准形成的建筑群，保护好胡同和院落，就能够保证旧城街巷的完整，就能够延续北京城原有的历史脉络，并使之发扬光大。

街巷胡同是北京旧城的历史肌理，是编织城市经纬的要素。北京旧城区有名的街巷、胡同共有六千余条，这些街巷胡同集中在皇城和内城的辖区范围内，从整体看，皇城区和内城区域范围内的胡同排列整齐，胡同的尺度正规，规划水平较高，是京城胡同街巷的精华所在。位于京城南侧的外城，由于受地域、地理影响和历史背景的缘故，街巷排列密集，缺乏统一合理的规划，尺度宽窄不一，悬殊较大。但是，无论地域还是历史等方面的差别，这些街巷胡同都从多方面反映了北京城的历史沿革、社会风情和城市建设的发展。北京的街巷、胡同之多是其他地方所不具备的。街巷、胡同造就了闻名于世的北京城

修复后的院落——南房

和北京的旧宅院，是中国古代建筑文化遗留下来的精髓。在北京旧城，每条街巷、胡同中都流传有不同的趣闻逸事，从而形成了北京城特有的胡同文化。保护这些胡同，就是保护依附于这些胡同之中的旧宅院，就是保护了北京城，也就是延续了古老北京城的文化传承。

6. 保护历史文化街区是重中之重

街区是城市的脉络，交通的衢道，更是北京城生活的重要场所以及京城历史文化发展演化的大舞台，它记录了城市历史的变迁，时代的风貌，并蕴含着浓郁的文化气息。

北京旧城历史文化街区的保护已成为保护北京历史文化名城的代名词，也是旧城传统建筑保护中的焦点和难点。面对新形势的挑战，应当认识历史文化街区保护的紧迫性，确立保护原则，利用市场机制，探索新的保护方法，同时对现存的历史街区和历史建筑进行全面而详细地调查，以便为今后的保护工作提供依据，为后人留下宝贵的资料。

20世纪80年代到90年代末，伴随着中国社会经济的发展，旧城和文物古迹得到了很好的保护，但是对整体历史文化街区的保护没有具体的措施。特别是在旧城内的房屋改造工程大规模展开以

修复后的院落——正房

后，改变了很多历史文化街区的传统风貌，使旧城的整体风貌发生了很大变化。胡同的减少，历史街区的减少，北京旧城的问题在国内外历史名城保护领域引起了广泛关注。有识之士认为历史文化街区的保护不仅仅是单个街道的保护，而是要做到整个地区的保护，才能保留城市的历史风貌。如何保护好整体历史文化街区，是一个亟待研究和解决的问题。对此，政府部门表示了极大的关注，加大了保护工作的力度，制定了整体保护的具体措施和规划。1990年，北京市公布了25条历史文化保护街区，2001年，北京市政府批准了《北京旧城二十五片历史文化保护区保护规划》，对于严格控制这

些地区的建设活动，保护北京的传统旧宅院街区，保护历史文化名城，具有重大的意义（见保护街区图）。2002年制定了《北京历史文化名城保护规划》，该规划在原有的25片内城保护区的基础上新增了15片保护区，从宏观和微观方面都制定了明确的保护规划。这些强力和有效的措施的实施，将会逐渐地理顺保护与发展之间的关系，对北京旧城的保护产生积极的影响，同时将带来很大的文化及社会效益。

目前，北京旧宅院的保护和利用是历史文化街区保护中的最大难题，需要人们更加谨慎地对待旧街区的拆迁，避免因眼前小利而损害未来的长远利益。放慢拆

改，加快研究，审慎决策，保护第一。必须在整体保护的观念下，在控制旧城内新建筑的体量和规模的同时，保持历史街区城市空间发展的"动态整体性"，遵循旧城的固有肌理及其演变规律，保持传统城市空间的有机秩序及其历史延续性。这种"动态整体性"体现在具体的保护方案上，中心意思就是倡导小规模的局部改造，不能进行大范围的改造工程，逐步达到北京历史文化名城的总体保护的要求。

结束语

北京是一座有着几百年历史的文化古都，是古代城市杰出的代表，同时又是现代化的大都市，既有古老建筑的硕果，又有现代建筑的辉煌。今天的古城北京，已成为历史文化名城与现代化大都市的交融体，是古今文化大融合的成功典范。

北京的胡同和旧宅院是构成古都北京风貌的重要组成部分，是构成中国古代北方建筑体系的重要组成部分，是构成中国古代城市规划理念的重要组成部分，是中国传统建筑的住宅典型和精华，是中华民族最重要的历史文化遗产之一。

胡同和旧宅院文化是北京城特有的地域风格的古都文化，内容丰富，包含了封建等级色彩的传统礼仪文化、封建等级严格的官位文化、传统民俗和地域文化、传统的商业文化、传统的科考文化、地域建筑艺术文化以及民族大融合的文化等。这些内容有着浓厚的文化底蕴，对研究北京的历史、建筑、风俗、艺术等方面具有重要价值。

胡同和旧宅院文化是北京旧城最具特色的历史文化遗存，全面保护这份遗存是历史的责任，是历史赋予现代北京人的重任。旧宅院和胡同不仅仅是老北京人世代居住的建筑形式，而且，更为重要的是旧宅院蕴含着深刻的文化内涵，是中华传统文化的载体，是货真价实的国粹。

历史文化遗存的保护，要从宏观上着手，要根据旧城不同的特点采取不同的方式，对于能够代表城市传统风貌的地段或区域，就要进行全方位的保护，要保存历史的真实性和完整性，重要的是延续古城的文化脉络。

历史文化遗存的保护，是对皇城区和内外城区的传统建筑进行集中保护，以点带面，以线带片，最终将老北京的原有格局，原有的历史风貌完整地保存下来。

保护古老的北京城是一项全民参与的全社会行动，要靠全社会的力量，要教育、引导北京的市民爱北京，保护北京城，保护古城风貌，同时，切实、认真地解决人民生活中的住房困难。实践

修复后的院落——厢房

证明，只有全面地逐步提高全社会的知识水平、居住水平，改善人民的生活环境，才能调动人民的积极性，才能使人民懂得保护古都北京的重要性和紧迫性，才能延续北京的历史，才能推动北京的发展。

历史终归是历史，时代在前进，新陈代谢是事物发展的永恒规律，数百年来，北京城的历史发展，正是遵循了这个规律，在继承、发展、创新的历史客观规律中延续下来的。北京具有古老都市深厚的文化底蕴，也具有蓬勃发展的新活力。北

京旧城、旧宅院已经走过它辉煌的时期，逐渐成为历史的遗迹，但是作为历史文物，当然应当加以保护，让人一睹它昔日的风采，使之作为人们了解北京、研究北京历史的教材，这项艰巨和伟大的工作无疑是非常必要的。

注释

[1] 这里所谓"街通"即我们今日所称胡同，胡同与胡同之间是供臣民建造住宅的地皮，集中了达官显贵的府邸和巨宅，还有为皇宫服务的衙署等建筑。

北京旧城历史文化保护区分布图（第一批、第二批）

The Distribution of the Conservation Districts in the Old City of Beijing (the First Group and the Second Group)

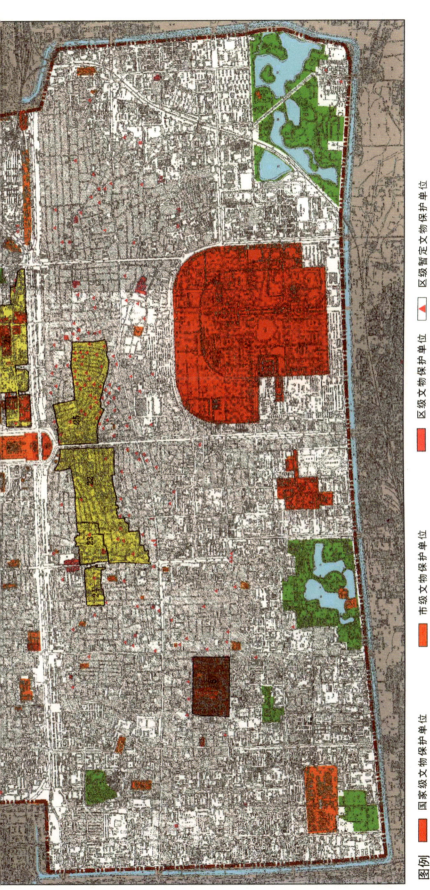

图例

| | 国家级文物保护单位 | | 市级文物保护单位 | | 区级文物保护单位 | | 区级暂定文物保护单位 |
| | 第一批历史文化保护区保护范围 | | 第二批历史文化保护区保护范围 | | 绿地 | | 水域 |

第一批历史文化保护区：1.南长街 2.北长街 3.西华门大街 4.南池子 5.北池子 6.东华门大街 7.文津街 8.景山前街 9.景山东街 10.景山西街 11.陟山门街 12.景山后街 13.地安门内大街 14.五四大街 15.什刹海地区 16.南锣鼓巷 17.国子监地区 18.阜成门内大街 19.西四北一条至八条 20.东四北三条至八条 21.东交民巷 22.大栅栏 23.东琉璃厂 24.西琉璃厂 25.鲜鱼口

第二批历史文化保护区：① 皇城 ② 北锣鼓巷 ③ 张自忠路北 ④ 张自忠路南 ⑤ 法源寺

西城区历史悠久，元明清三代均位于都城之西半部。元大都城市规划布局共五十坊，西城境内就占有十九坊，其数量之多，范围之大，足以看出西城是京城的重要组成部分。

　　西城的历史街区规划确切历史可以追溯到元代甚至更早些。元大都城街区划分是遵循了中国古代城市"九经九纬"的规划原则，在"九经"中，西城的交通干道就占有5条，在"九纬"中，更有6条干道包含在本区境域之内。这些道路奠定了当代西城的街区格局，明清时期虽有变化，但城市营建理念依然采用元朝形式，改动甚微。而元代沿街巷划分形成的北京四合式建筑形式，成为京城居住性建筑的首选。千百年来，北京的胡同和四合式建筑是北京城的标志性建筑物，特别是现代北京西城区的主要街区，例如新街口、什刹海等重要地段，都保留有较为完好的、成区域性的四合式建筑群。这些建筑成为当今北京西城传统建筑文化历史传承的最好见证和最有力的名片。更有专家认为这些胡同和院落是北京城的第二座城墙，评价之高，足见其在京城中的重要地位。

　　西城区是北京大、中、小型四合式建筑群的集中地，其中大中型院落数量在北京城此类建筑比例中占有重要的份额。西城的居住性建筑群，除去占据京城数量最多、

西城区

Xicheng District

最富特色的亲王府、贝子、贝勒等皇亲国戚的府邸外，还有许多座大型、中型四合式建筑群分布于西城的各个地段。例如，著名的西四北一条至八条胡同文化街区，是北京西城四合式建筑群的集中保护区，这个地段保留下来的街区走向和建筑规划，基本上保留元大都建城时期的原来规制，其排列整齐且等距离的胡同，紧密相连的院落格局也是元代的建筑文化遗存。如今，这些整齐排列在胡同中数量庞大的四合式建筑群，原有的建筑格局整体完整，而且已经被列为北京著名的保护街区。

西城区保存的这些格局完整的四合式建筑群虽为居住性建筑，但是都蕴含着深刻的文化内涵，堪称中国传统建筑文化的载体。这些古老的院落从建筑的选址、营建、使用等诸多方面，处处体现出中国封建社会十分重视的风水、门第、等级、民俗、民风等各色文化理念。建筑的装修、雕饰、彩绘也折射出人们对幸福、富裕、吉祥的美好追求，同时也最大程度展现出先民的聪明智慧和朴素浓郁的老北京风情。

如今，这些古老建筑群并没有因为城市的现代化发展而销声匿迹，而是作为传统建筑文化生存并延续开来，在繁华喧嚣的北京老城区，在纵横交错的胡同深处，这些规模不同、紧密相连的四合式建筑群，仍然散发着沉积了千百年的北京文化气息。这就是西城的四合式建筑群，它们的永存将成为古老北京城不可磨灭的记忆和荣华。

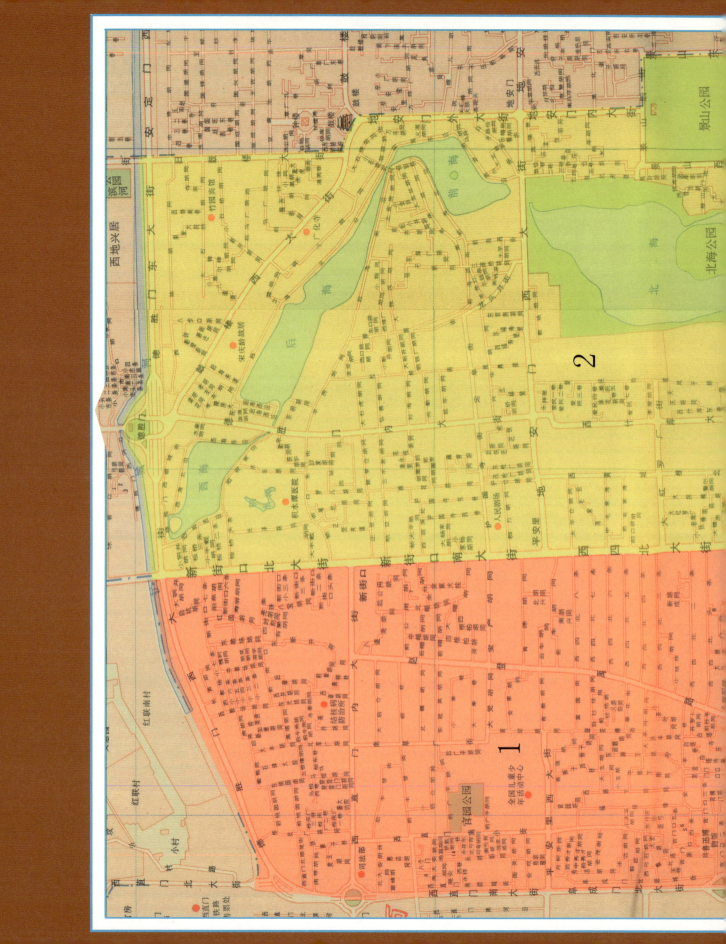

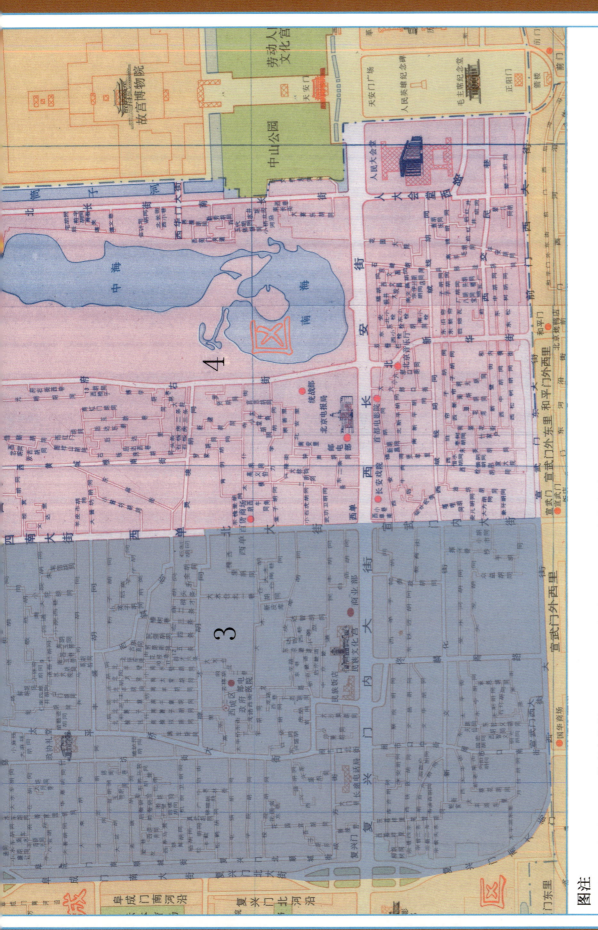

新街口街道

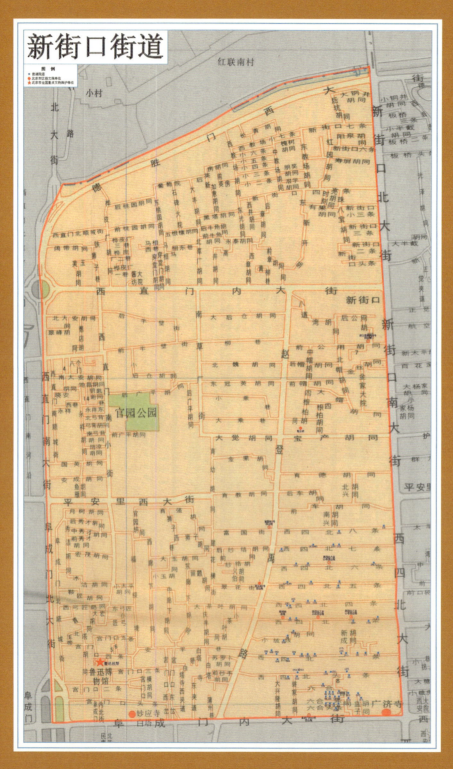

位于西城区新街口街道，清代晚期建筑。

"魁公"即魁璋，为裕亲王福全（顺治帝第五子）的第九代世孙，清光绪二十三年（1897年）袭封镇国公，居住在台基厂二条的裕亲王府。1901年，清政府与八国联军签订《辛丑条约》，王府被划入了使馆界内，辟为奥地利使馆。魁璋乃迁居宝产胡同（当时称宝禅寺胡同）的魁公府。由于清末财政紧张，没有财力为魁公建造大规模的府第，故魁公府并没有按照公府的形式建造，而是建造成了几路并联四合院的大型官员宅第形式。

宝产胡同23号院坐北朝南，分东西两路，四进院落。东路前半部为部队院落无法进入，仅以西路为主，大门为广亮大门，硬山顶，过垄脊合瓦屋面，梁架绘苏式彩画，戗檐砖雕花卉，前檐柱间带雀替，顶上有天花，梅花形门簪四枚，红漆板门两扇，圆形门墩一对。大门两侧有八字影壁，西侧有倒座房六间，硬山顶，过垄脊合瓦屋面，前出廊，梁架绘苏式彩画，门窗装修后改，前出垂带踏跺三级。一进院北侧有垂花门一座，一殿一卷形式，筒瓦屋面，朝天栏板，梅花形门簪四枚，红漆板门两扇，圆形门墩一对。垂花门两侧抄手游廊，环二进院，门内二进正房面阔五间，硬山顶，清水脊合瓦屋面，花盘子，前后廊，梁架绘苏式彩画，门窗装修新作，前出垂带踏跺五级，正房两侧各带一间耳房，硬山顶，过垄脊合瓦屋面。西厢房面阔三间，硬山顶，清水脊合瓦屋面，梁架绘苏式彩画，门窗装修新作，前出垂带踏跺三级。二进院东侧有一四角攒尖亭、假山。一进院西侧有月亮门可通三进院，三进院内正房面阔五间，硬山顶，清水脊合瓦屋面，装修为后改，西侧有耳房两间，硬山顶，过垄脊合瓦屋面。四进后罩房面阔十五间，硬山顶，过垄脊合瓦屋面，需从四根柏胡同18号进入。

大门天花

大门

八字影壁

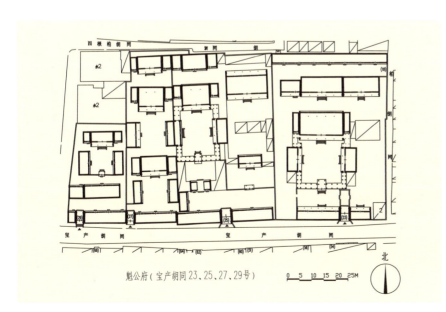
魁公府（宝产胡同23、25、27、29号）

0　5　10　15　20　25M

北

魁公府（宝产胡同23、25、27、29号）

大门门墩

四角攒尖亭

垂花门

大门雀替及彩画

二进院正房

倒座房

二进院西厢房

戗檐砖雕

一进院西侧门道

月亮门

假山

三进院正房

宝产胡同25号

该院坐北朝南，东西两路四进院落。大门为广亮大门形式，硬山顶，过垄脊合瓦屋面，象眼线刻几何形纹饰，梅花形门簪四枚，红漆板门两扇，圆形门墩一对，大门外两侧接八字影壁。倒座房为东西各五间，硬山顶，过垄脊合瓦屋面，门内有一字影壁。一进院内有西房三间，机瓦屋面，西路北侧有过厅三间，硬山顶，过垄脊合瓦屋面，中间一间为门道，通二进院，二进院内建筑已改。北侧有垂花门一座，卷棚顶，筒瓦屋面，朝天栏板，梅花形门簪四枚，方形门墩一对。三进院内有正房及东西厢房，正房面阔三间，硬山顶，过垄脊合瓦屋面，前后廊，门窗十字方格装修。东西厢房各三间，硬山顶，过垄脊合瓦屋面，前出廊，门窗十字方格装修，前出连三垂带踏跺四级。整个三进院环抄手游廊。

院落东路部分未进入，无法拍照，故只有文字少许记载：东路一进北侧有垂花门一座，过垄脊筒瓦屋面，朝天栏板，梅花形门簪两枚，方形门墩一对。门内二进正房面阔三间，歇山顶，过垄脊筒瓦屋面，前出廊，前出如意踏跺三级。东路三进院须由西路三进院东侧游廊穿过，东路三进正房面阔五间，硬山顶，过垄脊合瓦屋面，前后廊。

大门门墩

大门

倒座房

游廊倒挂楣子

垂花门

垂花门门墩

三进院正房

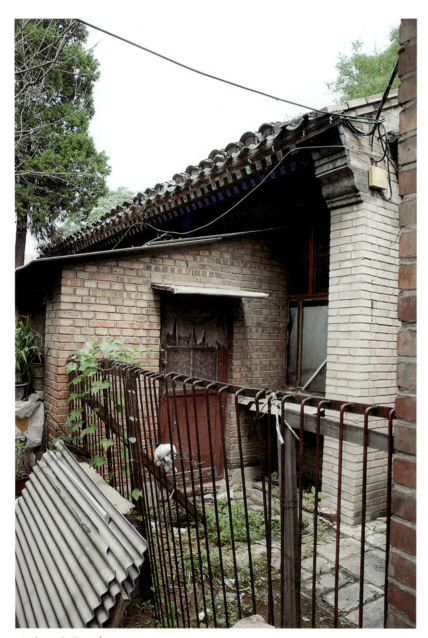

西路四进院正房

东路二进门

过厅

宝产胡同27号

　　该院坐北朝南，为三进院落，大门为广亮大门，硬山顶，过垄脊筒瓦屋面，倒座房现已改为小楼。门内有座山影壁一座。一进院内正房面阔三间，硬山顶，过垄脊合瓦屋面，前出廊，门窗装修为后改，前出垂带踏跺三级，两侧各有耳房一间，过垄脊合瓦屋面。东西厢房各三间，硬山顶，过垄脊合瓦屋面，门窗装修为后改。正房西耳房西侧有一座月亮门，可通二进院，二进院内正房面阔三间，硬山顶，过垄脊合瓦屋面，前后廊，门窗装修为后改，前出垂带踏跺三级，两侧各一间耳房，过垄脊合瓦屋面。二进东西厢房各三间，硬山顶，过垄脊合瓦屋面，东厢房北侧有耳房一间，机瓦屋面，二进正房西侧有路可通三进院，三进院有正房三间，硬山顶，过垄脊合瓦屋面，门窗装修为后改。

大门门墩

座山影壁

一进院正房

一进院西厢房

戗檐砖雕

二进院东厢房

二进院正房

三进院正房

该院坐北朝南，两进院落，大门为广亮大门，硬山顶，过垄脊合瓦屋面，梁架绘苏式彩画，前檐柱间带雀替，屋顶有天花，戗檐砖雕花卉，梅花形门簪四枚，红漆板门两扇，圆形门墩一对，前出垂带踏跺四级，大门后檐柱间带倒挂楣子。倒座房西侧一间，东侧六间，硬山顶，过垄脊合瓦屋面，一进院内有正房五间，硬山顶，过垄脊合瓦屋面，梁架绘箍头彩画，门窗步步锦棂心，西侧有耳房两间，过垄脊合瓦屋面。正房东侧有过道通后院，后院南侧有垂花门一座，过垄脊筒瓦屋面，挂朝天栏板，梁架绘苏式彩画，前檐柱间带雀替，后檐柱间带倒挂楣子，门上梅花形门簪四枚，上刻"吉祥如意"四字，圆形门墩一对，前出如意踏跺两级。二进院内正房三间，硬山顶，过垄脊合瓦屋面，前出廊，梁架绘箍头彩画，前檐柱间带雀替。明间五抹槅扇门四扇，次间支摘窗，为步步锦棂心，前出垂带踏跺四级。正房两侧各带一间耳房，过垄脊合瓦屋面。东西厢房各三间，硬山顶，过垄脊合瓦屋面，门窗步步锦棂心。

该组院落，除23号现为单位使用、27号现为派出所使用以外，其余院落均为居民院。1989年由西城区人民政府公布为西城区文物保护单位。

大门

东侧倒座房

宝产胡同29号

垂花门

滚墩石

一进院正房

彩画及雀替

天花

二进院正房

翠花街5号院

位于西城区新街口街道，民国时期建筑，据居民介绍曾为张学良四姨太的宅邸，现为居民院。1989年由西城区人民政府公布为西城区文物保护单位。

该院坐北朝南，为东西两路并联，西路为住宅，东路为花园。大门为金柱门，硬山顶，过垄脊筒瓦屋面，铃铛排山，戗檐砖雕花卉，梁架绘苏式彩画，前檐柱间带雀替，梅花形门簪四枚，圆形门墩一对，前出垂带踏跺四级，门内象眼线刻。大门两侧为倒座房，东侧四间，硬山顶，机瓦屋面，西侧六间，前出廊，硬山顶，过垄脊筒瓦屋面，梁架绘苏式彩画。门

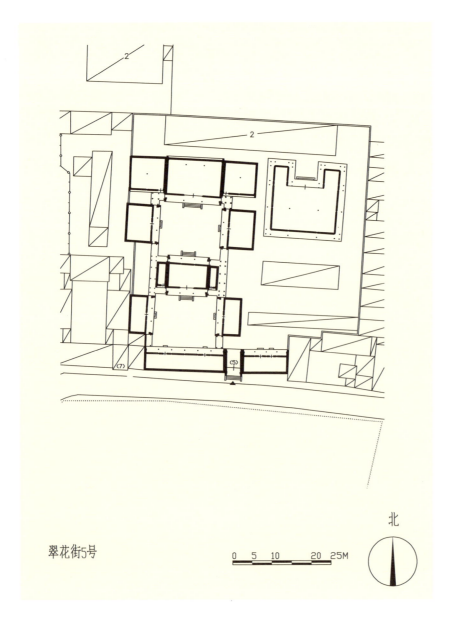

翠花街5号

0 5 10   20 25M

北

大门

大门门墩

内有座山影壁一座。影壁西侧为西路一进院，院内正房面阔三间，前后出廊，硬山顶，过垄脊筒瓦屋面，铃铛排山，戗檐砖雕狮子滚绣球，梁架绘苏式彩画，前出如意踏跺四级。正房两侧各有一间耳房，过垄脊合瓦屋面，一进院东西厢房各三间，均前出廊，其中西厢房为机瓦屋面，东厢房为过垄脊筒瓦屋面。一进院四周有四檩卷棚游廊连接，并通二进院。二进院内正房面阔三间，前后出廊，硬山顶，过垄脊筒瓦屋面，铃铛排山，戗檐砖雕喜鹊登梅，梁架绘苏式彩画，前出如意踏跺四级，正房两侧各两间耳房，西耳房机瓦屋面，东耳房过垄脊合瓦屋面，且为双卷勾连搭形式。二进院厢房各三间，均前出廊，西厢房为机瓦屋面，东厢房为过垄脊筒瓦屋面，梁架绘苏式彩画。三进后罩房翻建。东院花园现存敞厅，整体呈"凹"字形，歇山顶筒瓦屋面，且为三卷勾连搭形式，梁架绘苏式彩画。

座山影壁

戗檐砖雕

大门雀替

倒座房

西路一进院正房

一进院正房彩画

象眼

西倒座房北立面

西路二进院正房东耳房

彩画

东路戏台

门装修

西路二进院正房

阜成门内大街93号

位于西城区新街口街道，民国时期建筑，目前为某单位使用。2003年由北京市人民政府公布为北京市文物保护单位。

该院坐北朝南，三进院落。广亮大门一间，位于院落东南角，清水脊合瓦屋面，脊饰花草砖，戗檐处砖雕狮子绣球图案（残），墀头砖雕花篮作为垫花，博缝头处砖雕万事如意图案，红漆板门两扇，梅花形门簪四枚，圆形门墩一对。大门西侧接倒座房六间，过垄脊合瓦屋面，前出廊，前后檐均为现代装修。大门内有影壁一座，披水排山脊筒瓦屋面，方砖影壁心，四角岔花。一进院北侧看面墙一道，墙心做法同影壁心，墙帽上部装饰砖匾形式砖雕花卉。墙中间开辟一座小门楼形式二

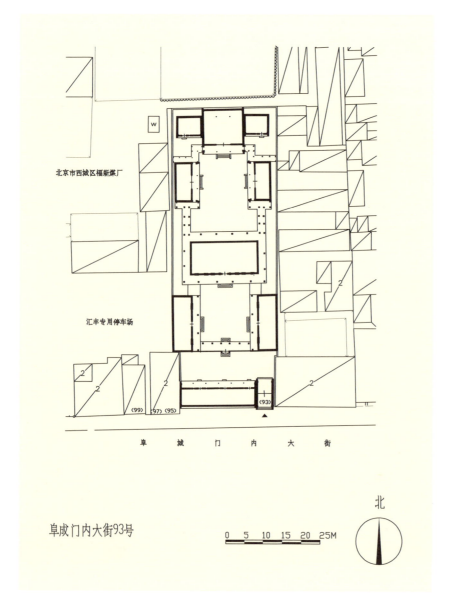

北京市西城区福新煤厂

汇丰专用停车场

阜成门内大街93号

0 5 10 15 20 25M

北

门簪

大门门墩

门，灰筒瓦屋面，披水排山。看面墙背面连接二进院游廊。院内正房五间，近代建筑形式，三角桁架坡屋顶，石板瓦屋面，拱券门窗，四周接平顶回廊，廊檐下饰如意头木挂檐板，廊柱间饰倒挂楣子和坐凳楣子，明间为过厅。东西厢房各三间，近代建筑形式，三角桁架坡屋顶，石板瓦屋面，前出廊，廊间饰倒挂楣子和坐凳楣子。明间开拱券门，次间拱券窗。三进院正房三间，前后出廊，清水脊合瓦屋面，明间槅扇风门，前出垂带踏跺四级，次间槛墙支摘窗，步步锦棂心。东西两侧耳房各二间，过垄脊合瓦屋面。东、西厢房各三间，过垄脊合瓦屋面，前出廊，明间槅扇风门，前出垂带踏跺三级，次间槛墙支摘窗，步步锦棂心。厢房南侧各出平顶游廊与二进院正房回廊相接。

墀头砖雕

戗檐砖雕

大门廊心墙

大门

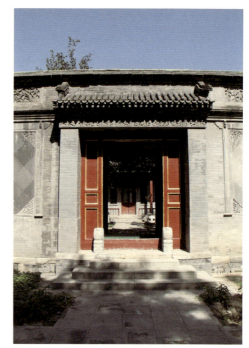

倒座房

二门

二进院正房

二进院东厢房

三进院西厢房

三进院正房

富国街3号

位于西城区新街口街道，清代时期建筑，清代时曾为祖大寿住宅，祖大寿死后改为其祠堂。祖大寿为明朝降清将领，后随清军入关，赐宅在此居住，现为中学使用。1995年由北京市人民政府公布为北京市文物保护单位。

该院坐北朝南，三进院落。大门面阔三间，为三间一启门形式，硬山顶，过垄脊筒瓦屋面，梁架绘箍头彩画，明间红色板门两扇，梅花形门簪四枚，圆形门墩一对，次间为墙，门前有一对石狮。大门两侧为倒座房，西侧三间，东侧两间，硬山顶，鞍子脊合瓦屋面，前檐为步步锦棂心门窗。一进院北侧正中二门一间，进深六檩，卷棚顶，披水排山脊筒瓦屋面，梁架绘墨线旋子彩画，象眼线刻几何形纹饰。二门两侧北房各三间，

大门

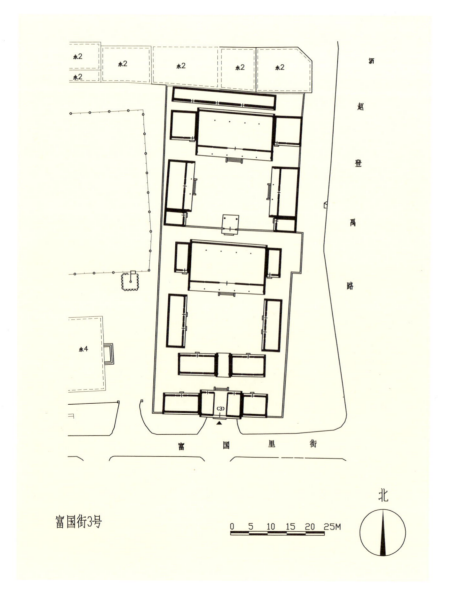

富国街3号

0　5　10　15　20　25M

北

大门门墩

二门

过垄脊合瓦屋面，明间夹门窗，次间槛墙支摘窗，步步锦棂心。二进院内正房五间，铃铛排山脊筒瓦屋面，前后廊，梁架绘墨线小点金旋子彩画，前檐柱间带倒挂楣子，明间有五抹槅扇门四扇，步步锦棂心，前出垂带踏跺三级，正房两侧耳房各一间，过垄脊合瓦屋面，披水排山，东、西厢房各四间，过垄脊合瓦屋面，披水排山，前檐为夹门窗和支摘窗，步步锦棂心，院内西北角有古树一棵。三进院南侧正中一殿一卷式垂花门一座，悬山顶，过垄脊筒瓦屋面，方形垂柱头，柱头间装饰雀替，梅花形门簪两枚，圆形门墩一对，前出垂带踏跺三级。垂花门两侧接抄手游廊，梁架绘箍头彩画，柱间带倒挂楣子。院内正房五间，铃铛排山脊筒瓦屋面，前后廊，梁架绘箍头彩画，前檐柱间步步锦倒挂楣子，明间有五抹槅扇门四扇，步步锦棂心，前出垂带踏跺三级。正房两侧各带耳房两间，披水排山脊筒瓦屋面。东西厢房各三间，铃铛排山脊筒瓦屋面，梁架绘箍头彩画，前檐柱间带倒挂楣子，步步锦棂心，前出垂带踏跺三级。东西厢房南侧各有耳房一间，过垄脊筒瓦屋面。院内正中有假山一座。

二门梁架

二进院东厢房

二进院正房

二门东侧北房

夹门窗装修

厢房盘子砖

垂花门装修

二进院西厢房

三进院垂花门

垂花门门墩

垂花门荷叶墩

三进院正房

三进院西厢房

假山石

插屏石座

石墩

位于西城区新街口街道，民国时期建筑，现为鲁迅博物馆使用。2006年由国务院公布为全国重点文物保护单位。

鲁迅于1924年5月至1926年8月共两年零三个月时间住在这里。这是鲁迅在北京的最后一所住宅。1912年3月，南京革命临时政府与北洋军阀首领袁世凯妥协，迁都北京，鲁迅亦随教育部于同年5月北迁，5日抵京后随即搬进宣外南半截胡同的绍兴县馆居住。后来他卖掉了在绍兴"聚族而居"的老屋，买下了新街口公用库八道湾11号的房子举家迁入。但由于与其弟周作人夫妇间的矛盾，鲁迅离开了八道湾，于1923年8月迁到了西四砖塔胡同61号，租了三间矮小潮湿而又嘈杂的南屋住了下来。半个月

北京鲁迅旧居（宫门口二条19号）

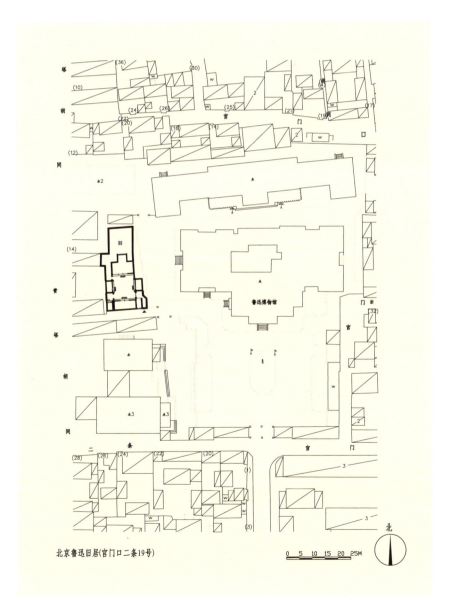

北京鲁迅旧居(宫门口二条19号)

0 5 10 15 20 25M

北

装饰

大门

后，鲁迅即着手购置新的住所，在朋友的帮助陪同下四处看房。经两个多月的奔忙，于1923年10月从朋友处借贷购下了这座位于城墙脚下的旧宅。经过丈量、设计、施工，于1924年5月建成，鲁迅便同母亲及其眷属离开砖塔胡同迁入新居。

该院落分为前后两院，前院为住所，后院为花园。院落大门开于院落东南角，券门形式，门旁有一块镶嵌在灰墙内的汉白玉石，上面是郭沫若题写的"鲁迅故居"四个金色大字，门内后檐柱间挂菱形纹饰。左边有一屏门，进入屏门便是故居的前院。前院正房三间，硬山顶，过垄脊合瓦屋面，门窗步步锦棂心，前出如意踏跺两级。正房明间后出一平顶房，使整个正房呈"凸"字形。前院南房三间，硬山顶，过垄脊合瓦屋面，门窗步步锦棂心，前出如意踏跺两级。东西厢房各两间，平顶，门窗步步锦棂心，前出如意踏跺两级。西厢房西南侧有一屏门，门内有南房一间。西厢房西北侧有一屏门，通后院，后院有一枯井及树木。

雕像

天花

后出抱厦

简介

大门及倒座房

正房

门窗装修

屋内陈设

西厢房

盒子胡同17号

位于西城区新街口街道，民国时期建筑，现为住宅。

该院坐北朝南，二进院落。大门一间，坐东朝西，清水脊筒瓦屋面。一进院东房一间，平顶，装修为后改。北侧中部二门一座，可通二进院，门头装饰沙锅套花瓦。二进院正房三间，左右各接耳房一间，均为鞍子脊合瓦屋面，装修为后改。东西厢房各三间，鞍子脊合瓦屋面，装修为后改。

大门

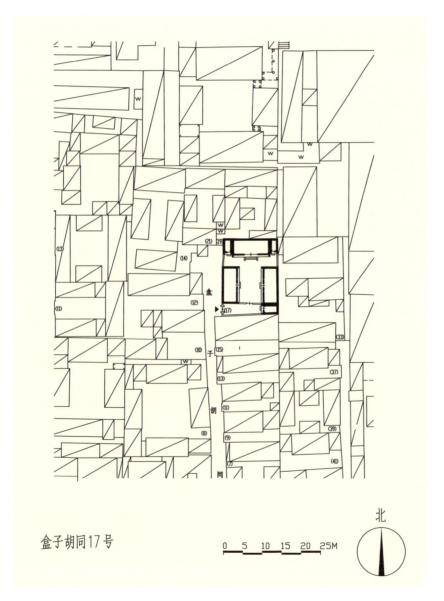

盒子胡同17号

0　5　10　15　20　25M

北

二门

正房

正房东耳房

西厢房

盒子胡同21号

位于西城区新街口街道，民国时期建筑，现为居民院。

该院坐北朝南，一进院落。院落东南角开大门一间，红漆板门两扇。倒座房三间，抽屉檐封后檐墙，装修为后改，大门与倒座房连为一体，均为机瓦屋面。院内正房四间，清水脊合瓦屋面，脊饰沙锅套、鱼鳞花瓦，东二间槅扇风门，其余为支摘窗，正交十字方格棂心。东西厢房各三间，平顶屋面，装修为后改。

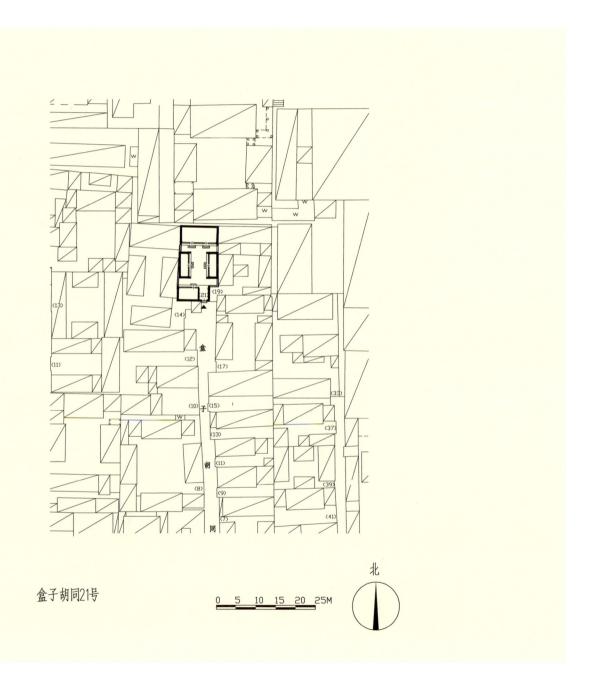

盒子胡同21号

0 5 10 15 20 25M

北

大门及倒座房

正房

六合胡同二号

位于西城区新街口街道，民国时期建筑，现为居民院。

该院坐东朝西，一进三合式院落。随墙门一间，红漆板门两扇，两侧装饰西洋式方壁柱，不出头。院内上房四间，机瓦屋面，平券式门窗。南北厢房各三间，其中北厢房为灰梗屋面，明间开平券门，东次间开平券窗一扇，西次间开平券窗二扇，均为原装修形式。南厢房为机瓦屋面，装修为后改。

大门

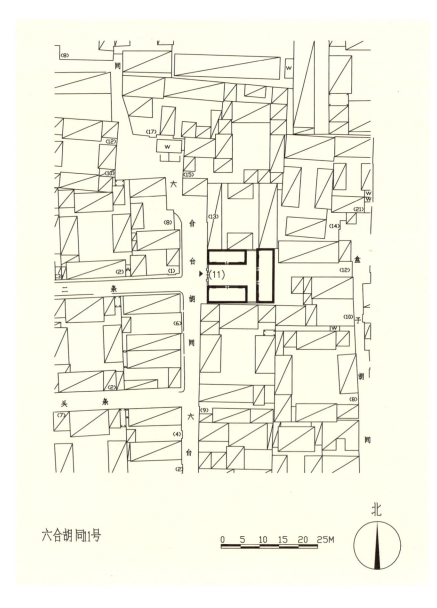

六合胡同1号

0 5 10 15 20 25M

北

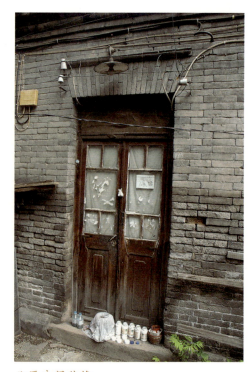

北厢房门装修

上房

北厢房窗装修

北厢房

六合胡同13号

位于西城区新街口街道，民国时期建筑，现为居民院。

该院坐东朝西，一进院落。西房五间，机瓦屋面，其明间为大门，红漆板门两扇，两侧带西洋式方壁柱，不出头，门内后檐装饰倒挂楣子，现已无存，装修为后改。迎门原有木影壁一座，现已拆除。上房五间，机瓦屋面，拱券式门窗。南北厢房各二间，机瓦屋面，拱券式门窗。据此处居民介绍院内原有砖雕，上刻"民国十一年五月造"字样。

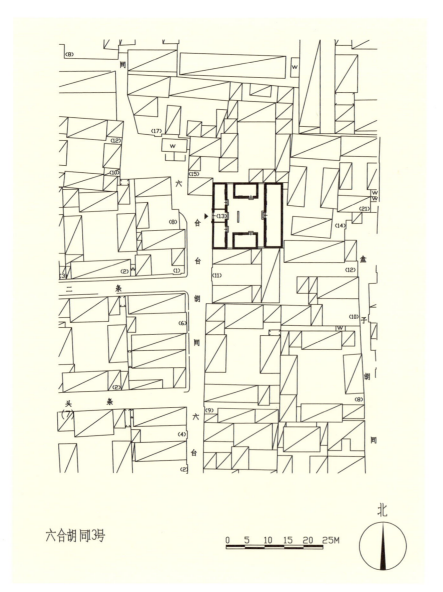

六合胡同3号

0 5 10 15 20 25M

北

大门

上房

北厢房

西房

六合胡同35号

位于西城区新街口街道，民国时期建筑，据当地居民介绍此宅在1958年左右曾作为幼儿园使用，现为居民院。

该院坐北朝南，一进院落。大门一间，清水脊合瓦屋面，脊饰花盘子，现已封堵，现于东厢房南山墙与大门之间辟一便门，红漆板门两扇，方形门墩一对。原大门西接倒座房五间，鞍子脊合瓦屋面，装修为后改。院内正房三间，清水脊合瓦屋面，脊饰花盘子，装修为后改。东西耳房各一间，鞍子脊合瓦屋面，装修为后改。东西厢房各三间，鞍子脊合瓦屋面，装修为后改，其中东厢房南山墙中作素面海棠池抹灰影壁心形式。

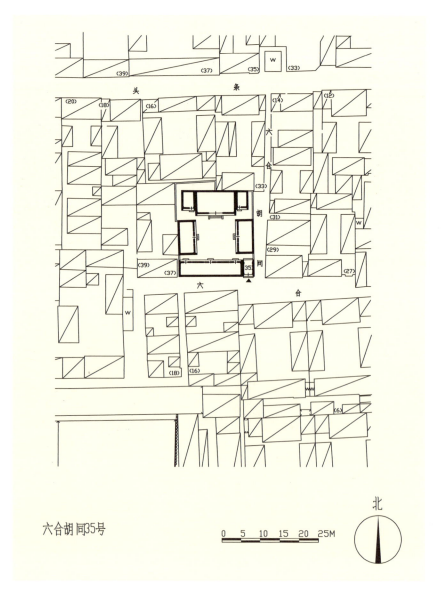

六合胡同35号

现大门

大门门墩

倒座房

影壁三岔头与耳子

东厢南山墙影壁

原大门

正房

西厢房

正房西耳房

位于西城区新街口街道，民国时期建筑，现为居民院。

该院坐西朝东，一进院落。大门为西洋式门楼，开在南房耳房与东厢房之间，东向，拱券门洞，两侧做方壁柱形式，不出头，红漆板门两扇。北房三间，鞍子脊合瓦屋面，装修为后改。东西耳房各一间，其中东耳房（六合胡同12号）已翻机瓦，西耳房为过垄脊合瓦屋面，装修均为后改。南房三间，鞍子脊合瓦屋面，装修为后改。东西耳房各一间，过垄脊合瓦屋面，装修为后改。东西房各三间，已翻机瓦屋面，装修为后改。

六合胡同10，12号

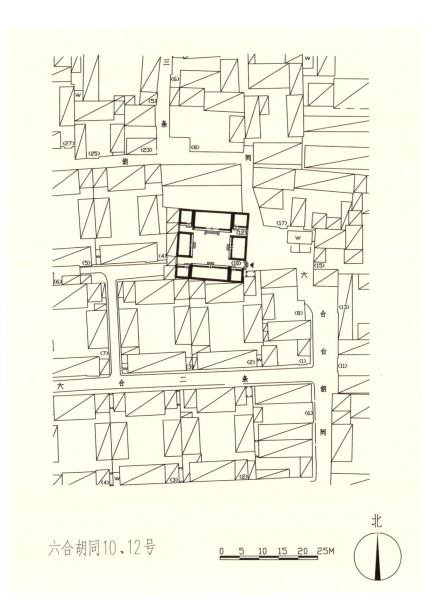

六合胡同10、12号

0 5 10 15 20 25M

北

大门

北房耳房侧立面

北房

东房

南房

位于西城区新街口街道，民国时期建筑。据当地居民介绍此院落群包括六合头条2~4号和六合二条2~8号，原为民国时期一位马姓商人的家族宅院。现六合头条3号为住宅，其余均为居民院。

该组住宅群各院落坐北朝南，均为二进院落。

2号：如意大门一间，清水脊合瓦屋面，脊饰花盘子，门头装饰套沙锅套花瓦，红漆板门两扇，门钹一对。西接倒座房四间，已翻机瓦屋面，装修为后改。院内原有二门，现已拆除。二进院正房三间，前出廊，清水脊合瓦屋面，装修为后改。两侧各接耳房一间，其中东耳房为鞍子脊合瓦屋面，西耳房已翻机瓦屋面，均为门连窗装修，上为十字方格棂心支窗，下为夹杆条玻璃屉摘窗。东西厢房各三间，其中东厢房已翻机瓦屋面，西厢房为干槎瓦屋面，装修为后改。

3号：如意大门一间，清水脊合瓦屋面，脊饰花盘子，红漆板门两扇，门钹一对。西接倒座房四间，已翻机瓦屋面，十字方格棂心支摘窗装修。二门一座，悬山顶，筒瓦屋面，红漆板门两扇。二进院正房三间，明间吞廊，清水脊合瓦屋面，脊饰花盘子，明间槅扇风门，套方棂心，次间十字方格棂心支摘窗装修，明间出垂带踏跺四级；两侧各带耳房一间，鞍子脊合瓦屋面，套方棂心门连窗装修。东西厢房各三间，鞍子脊合瓦屋面，明间夹门窗，北次间支摘窗，南次间门连窗，均为十字方格棂心。

4号：蛮子大门一间，清水脊合瓦屋面，脊饰花盘子，梅花形门簪两枚，红漆板门两扇，两侧带余塞板，门钹一对，门内后檐装饰步步锦倒挂楣子和花牙子。西接倒座房三间，鞍子脊合瓦屋面，装修为后改；倒座房接西耳房一间，鞍子脊合瓦屋面，装修为后改。院内原有二门，现已拆除。二进院正房三间，前出廊，清水脊合瓦屋面，脊饰花盘子，装修为后改；东西各接耳房一间，鞍子脊合瓦屋面，装修为后改。东西厢房各三间，鞍子脊合瓦屋面，明间装修为后改，次间装修仅存夹杆条玻璃屉摘窗，支窗装修为后改。

5号：蛮子大门一间，清水脊合瓦屋面，脊饰花盘子，红漆板门两扇，门内后檐装饰步步锦棂心倒挂楣子和花牙子。西接倒座房三间，鞍子脊合瓦屋面，装修为后改；倒座房西接耳房一间，鞍子脊合瓦屋面，装修为后改。院内原有二门，现已拆除。二进院正房三间，前出廊，明间吞廊，鞍子脊合瓦屋面，装修为后改，明间出垂带踏跺四级；东西各接耳房一间，鞍子脊合瓦屋面，装修为后改。东西厢房各三间，鞍子脊合瓦屋面，其中东厢房仅存次间夹杆条玻璃屉摘窗，西厢房存次间十字方格棂心支摘窗，其余装修为后改。

该组院落建筑群相邻院落的厢房均呈勾连搭形式。

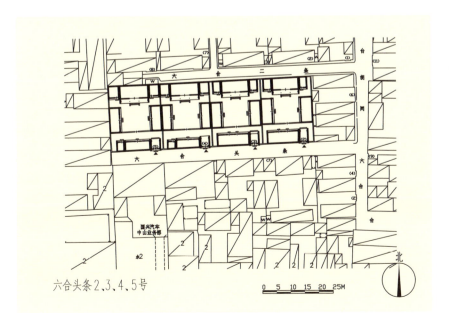

六合头条2、3、4、5号

0 5 10 15 20 25M

北

2号院大门

套沙锅套式样花瓦

2号院正房东侧耳房装修

2号院大门西侧倒座房

2号院正房

2号院正房东耳房

2号院西厢房

3号院二门

3号院倒座房

3号院大门

3号院正房

3号院西厢房

4号院大门后檐倒挂楣子

4号院倒座房

4号院西厢房

4号院大门

4号院正房

5号院大门

5号院正房

5号院倒座房

5号院大门后檐倒挂楣子

5号院西厢房

六合头条7、8号

位于西城区新街口街道，民国时期建筑，现为居民院。

该院坐南朝北，一进院落，西侧带一跨院。如意大门一间，开于北房西耳房位置，清水脊合瓦屋面，脊饰花盘子，红漆板门两扇，门钹一对。院内北房三间，前出廊，清水脊合瓦屋面，脊饰花盘子，装修为后改。东耳房一间，过垄脊合瓦屋面，装修为后改。南房五间，已翻机瓦屋面，装修为后改。东西厢房各三间，已翻机瓦屋面，装修为后改。西跨院北房三间，前出廊，清水脊合瓦屋面，脊饰花盘子，装修为后改。东西耳房各一间，其中东耳房为鞍子脊合瓦屋面，西耳房已翻机瓦屋面，装修均为后改。东厢房三间，与主院西厢呈勾连搭形式，鞍子脊合瓦屋面，装修为后改。西厢房二间，已翻机瓦屋面，装修为后改。

大门

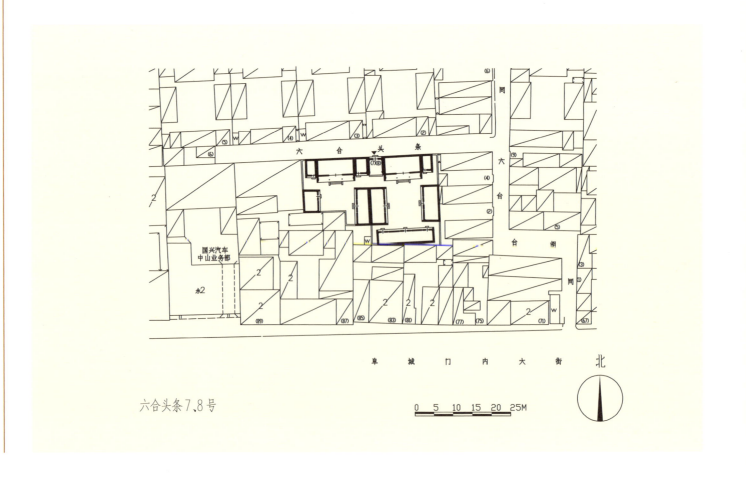

六合头条7、8号

0 5 10 15 20 25M

西院北房

西院东厢房

东院北房

六合二条2、3、4、5、6、7、8号

位于西城区新街口街道，民国时期建筑。据当地居民介绍此院落群包括六合头条2~4号和六合二条2~8号，原为民国时期一位马姓商人的家族宅院。现六合二条3号为广济·邻国际青年旅舍使用，其余均为居民院。

该组住宅群各院落坐北朝南，均为二进院落。

2号：如意大门一间，清水脊合瓦屋面，脊饰花盘子，门头套沙锅套花瓦装饰，红漆板门两扇。西接倒座房四间，已翻机瓦屋面，东间保存有十字方格棂心支摘窗装修，其余为后改。院内原有二门，现已拆除。二进院正房三间，前出廊，清水脊合瓦屋面（部分翻机瓦），脊饰花盘子，装修为后改。东西耳房各一间，鞍子脊合瓦屋面，装修为后改。东西厢房各三间，干槎瓦屋面，装修为后改。

3号：如意大门一间，清水脊合瓦屋面，脊饰花盘子，门头套沙锅套花瓦装饰，红漆板门两扇，门钹一对，六角形门簪两枚，门外方形门墩一对。东侧门房一间，西接倒座房四间，均为鞍子脊合瓦屋面，装修为后改；倒座房带西耳房一间，鞍子脊合瓦屋面，装修为后改。院内二门一座，悬山顶，筒瓦屋面，红漆板门两扇。二进院正房三间，前出廊，清水脊合瓦屋面，左右耳房各一间，鞍子脊合瓦屋面。东西厢房各三间，鞍子脊合瓦屋面。

4号：原大门一间，已翻机瓦屋面，现已封堵，于东侧另辟一便门。西侧倒座房四间，已翻机瓦屋面，装修为后改。院内原有二门，现已拆除。二进院正房三间，前出廊，清水脊合瓦屋面，装修为后改。东西耳房各一间，已翻机瓦屋面，装修为后改。东西厢房各三间，已翻机瓦屋面，装修为后改。

5号：原大门一间，清水脊合瓦屋面，脊饰花盘子，现已封堵，于东侧另辟一便门。西接倒座房四间，鞍子脊合瓦屋面，装修为后改。院内原有二门，现已拆除。二进院正房三间，前出廊，清水脊合瓦屋面，脊饰花盘子，装修为后改。东西耳房各一间，鞍子脊合瓦屋面，装修为后改。东西厢房各三间，鞍子脊合瓦屋面，装修为后改。

6号：如意大门一间，清水脊合瓦屋面，脊饰花盘子，门头套沙锅套花瓦装饰，红漆板门两扇，门内后檐装饰步步锦倒挂楣子。西接倒座房四间，鞍子脊合瓦屋面，抽屉檐封后檐墙，东侧第二间为夹门窗，西侧第二间为门连窗，其余为支摘窗，均为长方格棂心。院内原有二门，现已拆除。二进院正房三间，前出廊，清水脊合瓦屋面，脊饰花盘子，明间槅扇风门，次间槛窗，均为长方格嵌十字海棠棂心。东西耳房各一间，鞍子脊合瓦屋面，长方格嵌十字海棠棂心门连窗装修。东西厢房各三间，鞍

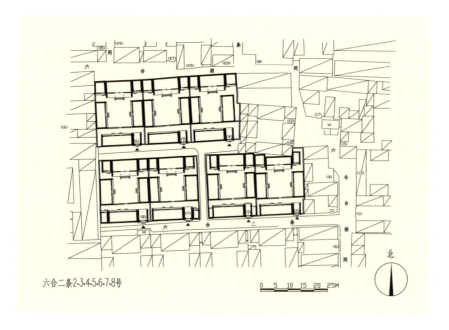

六合二条2、3、4、5、6、7、8号

0 5 10 15 20 25M

北

2号院大门

子脊合瓦屋面，其中东厢房明间夹门窗，次间门连窗，西厢房明间夹门窗，次间槛窗，均为长方格棂心。

7号：原大门一间，清水脊合瓦屋面，脊饰花盘子，门头套沙锅套花瓦装饰，现已封堵，与东侧院墙辟一便门，红漆板门两扇，门钹一对。东侧门房一间，已翻机瓦屋面，菱角檐封后檐墙，西接倒座房四间，鞍子脊合瓦屋面，鸡嗉檐封后檐墙，装修为后改。正房三间，前出廊，清水脊合瓦屋面，装修为后改。东西耳房各一间，已翻机瓦屋面，装修为后改。东西厢房各三间，鞍子脊合瓦屋面，装修为后改。

8号：如意大门一间，清水脊合瓦屋面，脊饰花盘子，红漆板门两扇。西接倒座房四间，鞍子脊合瓦屋面，装修为后改。院内原有二门，现已拆除。二进院正房三间，前出廊，清水脊合瓦屋面，脊饰花盘子，装修为后改。东西耳房各一间，鞍子脊合瓦屋面，装修为后改。东西厢房各三间，鞍子脊合瓦屋面，装修为后改。

该组院落建筑群相邻院落的厢房均呈勾连搭形式。

2号院倒座房十字方格装修

2号院正房

2号院倒座房

2号院西厢房

3号院大门

3号院门房

3号院大门门墩

3号院正房

3号院倒座房

4号院倒座房

4号院大门

4号院东厢房

5号院原大门

4号院正房

5号院大门

5号院正房

5号院倒座房

6号院大门

6号院西厢房

5号院西厢房

6号院倒座房

6号院正房

7号院大门

7号院门房

7号院正房及耳房

7号院东厢房

7号院倒座房

8号院大门

8号院西厢房

8号院倒座房

8号院正房

前公用胡同15号

位于西城区新街口街道，清代时期建筑，曾为清末内务府大臣崇厚的宅第。

崇厚（1826-1893），字地山，完颜氏，清满洲镶黄旗人。河道监督麟庆之子。清道光二十九年（1849年）举人，历官长芦盐运使、兵部、户部、吏部侍郎、三口通商大臣、直隶总督、奉天将军、左都御史，曾参加与英、法重修租界条约，与葡萄牙、丹麦等国议订通商条约等外交活动，作为第一位出访法国的专使出访，曾参与洋务运动，创办了最早的近代军工业天津机器制造局。清光绪五年（1879年），出使俄国期间私自与俄订约《里瓦几亚条约》造成大片国土丧失，被捕入狱，定罪斩

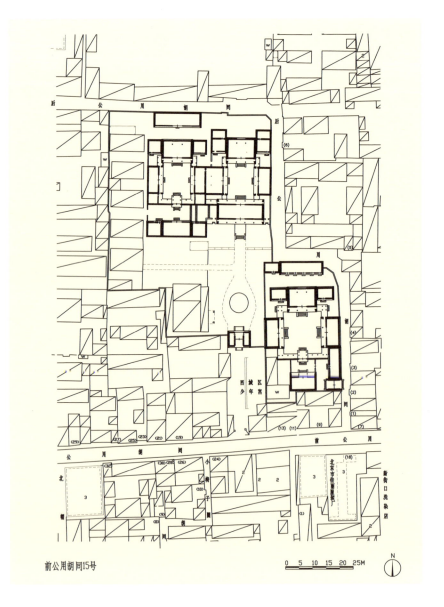

前公用胡同15号

0 5 10 15 20 25M

N

东路大门

东路一殿一卷垂花门

监候，后来捐银三十万两充军获释，清光绪十九年（1893年）病死。民国时期张作霖部将傅双英购得此宅，并进行了改造。新中国成立后该院收归国有，由于我国效仿苏联要建少年宫，在时任北京市副市长吴晗的批示下，1956年此处改为西城区少年宫至今。1984年由北京市人民政府公布为北京市文物保护单位。2003年，曾进行过大规模修缮。

该院坐北朝南，分为东、中、西三路，三路院落并非对齐平行，而是呈现东路突出向前，中路退后，西路再退后的阶梯状排列，东西两路三进院落，中路两进院落。

中路最前方为府门，三间一启门形式，铃铛排山脊筒瓦屋面，前檐柱和后檐柱间装饰雀替。明间大门门扇开在中柱位置，圆形门墩一对。门前两侧上马石一对，雕刻花卉和海兽图案。大门内第一进院为花园，中间有叠石花坛。其北侧有花厅五间，鞍子脊合瓦屋面，

前檐明间槅扇门装修，前接六檩卷棚抱厦。次间、梢间为槛墙、支摘窗，窗前各有假山石一方。后檐为老檐出后檐，明间开槅扇门。花厅东侧月亮门通第二进院。二进院正房三间，过垄脊合瓦屋面，披水排山，前后出廊，前檐明间为槅扇门，次间槛墙和支摘窗。正房东西两侧耳房各二间。东西厢房各三间，过垄脊合瓦屋面，披水排山，前檐明间为槅扇门，次间槛墙和支摘窗。其中西厢房与西路的东厢房形成两卷勾连搭形式。院内建筑以游廊相连接。

东路广亮大门一间开辟于后公用胡同，东向。一进院内南房三间，过垄脊合瓦屋面，披水排山，大门北侧有厢房四间。院落北侧有一殿一卷式垂花门一座。垂花门两侧南面为看面墙，北侧为抄手游廊，四檩卷棚顶筒瓦屋面，绿色梅花方柱，柱间倒挂楣子、花牙子。二进院内正房三间，过垄脊合瓦屋面，披

水排山，前后出廊，明间为槅扇门，次间槛墙、支摘窗。两侧耳房各二间。东西厢房各三间，过垄脊合瓦屋面，披水排山，前出廊，装修同正房。院内房屋以游廊相接。三进院为后罩房五间，过垄脊合瓦屋面。西侧接耳房二间，过垄脊合瓦屋面。

西路一进院南房三间，过垄脊合瓦屋面，披水排山，明间槅扇门，次间槛墙支摘窗。两侧耳房各二间。院落北侧为一殿一卷式垂花门一座，垂花门两侧连接看面墙，看面墙上开什锦窗，墙北侧为抄手游廊，四檩卷棚顶，筒瓦屋面，绿色梅花方柱。二进院内正房三间，过垄脊合瓦屋面，披水排山，前后出廊，前檐明间槅扇门，次间槛墙支摘窗。正房两侧耳房各二间。东西厢房各三间，过垄脊合瓦屋面，披水排山，前出廊，前檐装修同正房。厢房南侧带厢耳房各一间。三进院后罩房五间，披水排山，过垄脊合瓦屋面。

东路南房

垂花门门墩

中路二进院正房

正房装修

东厢房

窝角廊子

廊门筒子

看面墙上什锦窗

垂花门西侧月亮门

西路垂花门及看面墙

廊子倒挂楣子花牙子

游廊梁架

垂花门背面及抄手游廊

后罩房

东路二进院正房

西路二进院正房

西路二进院东厢房

西四北头条27号

位于西城区新街口街道，民国时期建筑，现为居民院。

该院坐北朝南，为不规则两进院落。大门为后开便门，过垄脊筒瓦屋面，红漆板门两扇，两侧带余塞板，门钹一对，壶瓶形门包页一副。一进院正房三间为过厅，明间为过道，清水脊合瓦屋面，次间过垄脊合瓦屋面，装修均为后改。东房二间，过垄脊合瓦屋面，西房三间，过垄脊合瓦屋面，装修均为后改。二进院现已拆改。

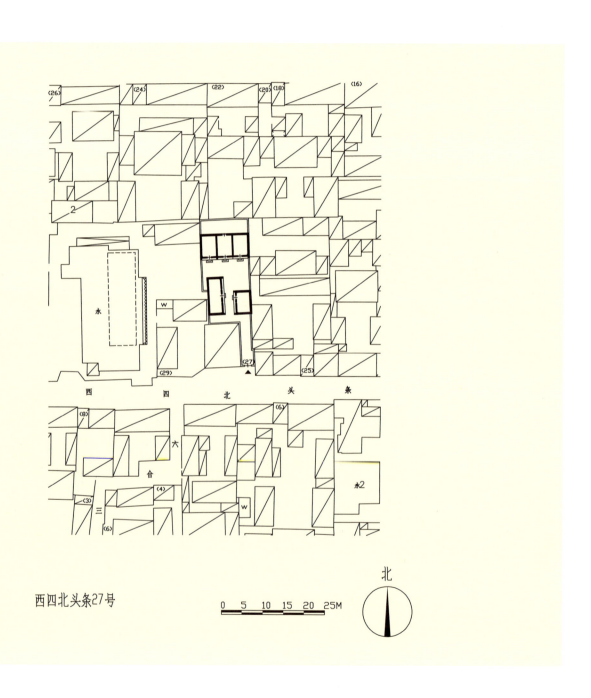

西四北头条27号

0 5 10 15 20 25M

北

大门

一进院正房

西四北头条31号

位于西城区新街口街道，民国时期建筑，现为住宅。

该院坐北朝南，一进院落。广亮大门一间，清水脊合瓦屋面，脊饰花盘子，檐下檩三件绘苏式彩画，前檐柱装饰雕花雀替，梅花形门簪四枚，依次刻"吉""祥""如""意"纹样，红漆板门两扇，两侧带余塞板，圆形门墩一对，如意踏跺四级。西接倒座房四间，硬山顶，鞍子脊合瓦屋面，抽屉檐封后檐墙。正房五间，已翻机瓦屋面，装修为后改。东西厢房各三间，为原址翻建，尖顶，机瓦屋面。

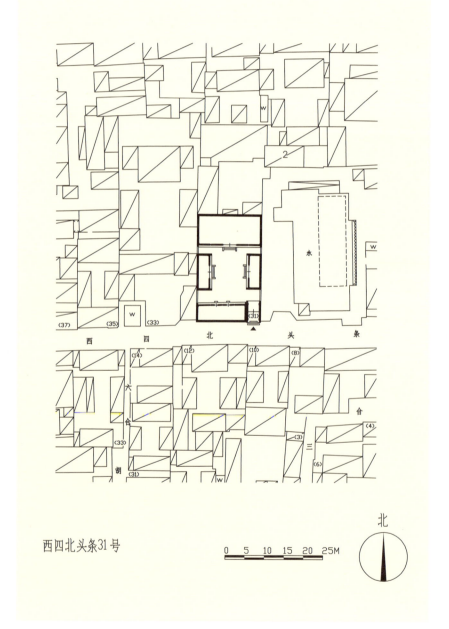

西四北头条31号

0 5 10 15 20 25M

北

大门

大门门墩

大门檩三件彩绘

倒座房

西四北头条33号

位于西城区新街口街道，清代晚期建筑，现为居民院。

该院坐北朝南，一进院落。大门一间，清水脊合瓦屋面，戗檐装饰松鼠葡萄纹砖雕图案，博缝头饰万事如意砖雕，门板遗失。东侧接门道一间，进深五檩，过垄脊合瓦屋面。西接倒座房四间，过垄脊合瓦屋面，装修为后改。院内正房三间，前出廊，清水脊合瓦屋面，脊饰花盘子，戗檐装饰花卉图案砖雕，老檐出后檐墙，装修为后改。正房两侧各接耳房一间，清水脊合瓦屋面，脊饰花盘子，十字方格棂心装修。东西厢房各三间，清水脊合瓦屋面，脊饰花盘子，装修为后改。

大门屋面

大门戗檐砖雕——松鼠葡萄

大门东侧门道

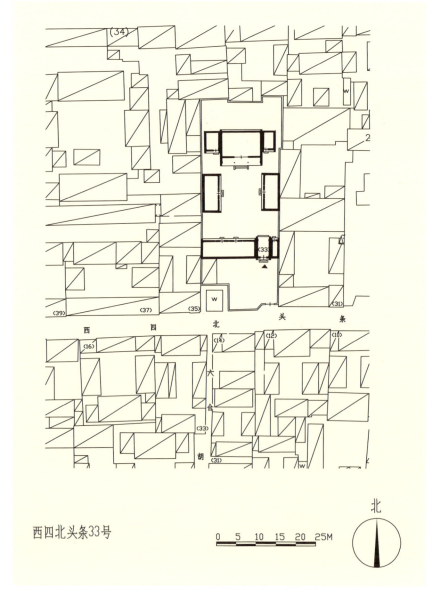

西四北头条33号

0 5 10 15 20 25M

北

大门博缝头砖雕——万事如意

东厢房

正房东侧耳房装修

正房

正房东耳房

西四北头条41号

位于西城区新街口街道，民国时期建筑，现为居民院。

该院坐北朝南，二进院落。大门一间，过垄脊合瓦屋面，披水排山，现已封堵。大门东侧接倒座房三间，老檐出后檐墙。西侧接倒座房五间，抽屉檐封后檐墙，均为灰梗屋面。一进院正房五间，前后出廊，过垄脊合瓦屋面，披水排山，装修为后改，东耳房已翻建。院内原有游廊环绕，现已无存。二进院（今后41号）正房五间，前出廊，鞍子脊合瓦屋面，披水排山，装修为后改。两侧各接耳房一间，现已改建。东西厢房各二间，前出廊，过垄脊合瓦屋面，装修为后改。

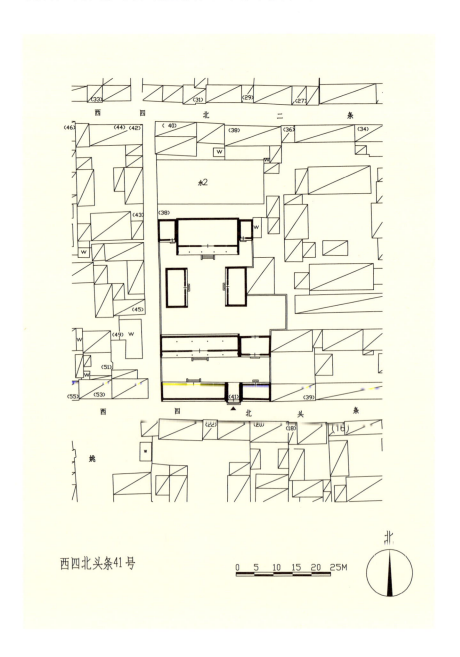

西四北头条41号

0　5　10　15　20　25M

北

大门

大门西侧倒座房

大门东侧倒座房

一进院正房

二进院正房

二进院西厢房

位于西城区新街口街道，民国时期建筑，现为居民院。

该院坐南朝北，三进院落。广亮大门一间，进深五檩，清水脊合瓦屋面，脊饰花盘子，檐下檩三件绘苏式彩画，走马板绘凤凰图案，梅花形门簪四枚，依次刻"吉""祥""如""意"纹样，红漆板门两扇，两侧带余塞板，上饰铺兽一对，方形门墩一对，条石墁地。东西各接北房三间，鞍子脊合瓦屋面，鸡嗉檐封后檐墙，其东倒座房前出平顶廊，方柱，装饰素面挂檐板，

装修为后改。东西配房各三间，鞍子脊合瓦屋面，装修为后改。二进院原有二门，现已拆除。南房三间，清水脊合瓦屋面，其东间已拆改，明间装修为后改，次间为十字方格棂心支摘窗。南房前出平顶廊，方柱，装饰素面挂檐板。正房东侧耳房一间，西侧耳房两间，均已翻为机瓦屋面，其西耳房东半间为过道，可通三进院。二进院东西厢房各三间，鞍子脊合瓦屋面，装修为后改。三进院后罩房七间，为原址翻建。

西四北头条6号

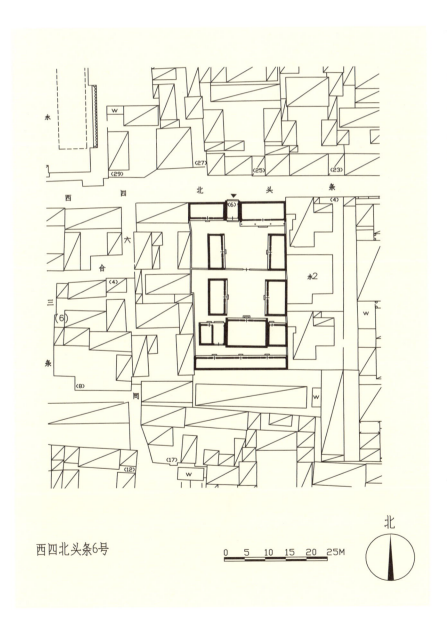

西四北头条6号

0 5 10 15 20 25M

北

走马板彩绘

大门门墩

大门

一进院西配房

大门东侧北房

二进院西厢房

大门西侧北房

檩三件彩绘

二进院南房

箍头彩绘

西四北头条22号

位于西城区新街口街道，民国时期建筑，现为居民院。

该院坐南朝北，两进院落。院落北侧中间开蛮子大门一间，进深五檩，清水脊合瓦屋面，脊饰花盘子，戗檐处装饰有砖雕，梅花形门簪四枚，红漆板门两扇，门钹一对，圆形门墩一对。大门东西倒座房各三间，鞍子脊合瓦屋面，西倒座房后改机瓦屋面，菱角檐封后檐墙，装修为后改。一进院南房面阔三间，前出平顶廊，檐下如意头挂檐板，清水脊合瓦屋面，脊饰花盘子，老檐出后檐墙，装修为后改。东西厢房各三间，过垄脊合瓦屋面，西厢房后改机瓦屋面，装修为后改。厢房北侧各有耳房一间，机瓦屋面，装修为后改。二进院东房四间，机瓦屋面，装修为后改。

大门戗檐砖雕

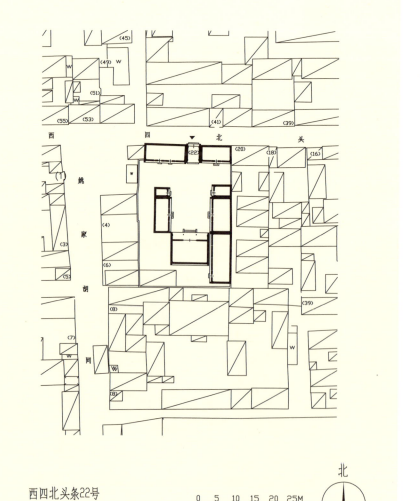

西四北头条22号

0 5 10 15 20 25M

北

大门门墩

大门西侧倒座房

二进院东房

南房

大门

西
四
北
头
条
26
号

位于西城区新街口街道，民国时期建筑，现为住宅。

该院坐南朝北，一进院落。蛮子大门一间，清水脊合瓦屋面，梅花形门簪两枚，上刻"平安"字样，红漆板门两扇，两侧带余塞板，门墩一对。门内后檐柱装饰步步锦棂心倒挂楣子，门道与西厢房北山墙间原有屏门一座，现已拆除。院内北房三间，鞍子脊合瓦屋面，老檐出后檐墙，明间为门连窗，十字方格棂心亮子窗，步步锦棂心支摘窗，东次间为门连窗、支摘窗，十字方格棂心，西次间十字方格棂心支摘窗，南房四间，鞍子脊合瓦屋面，东侧第二间为夹门窗，西侧第二间为门连窗，均为步步锦棂心支摘窗装修。东西厢房各二间，平顶屋面，其西厢装修为后改，东厢饰素面挂檐板，北一间为门连窗，其余为支摘窗，均为步步锦棂心。

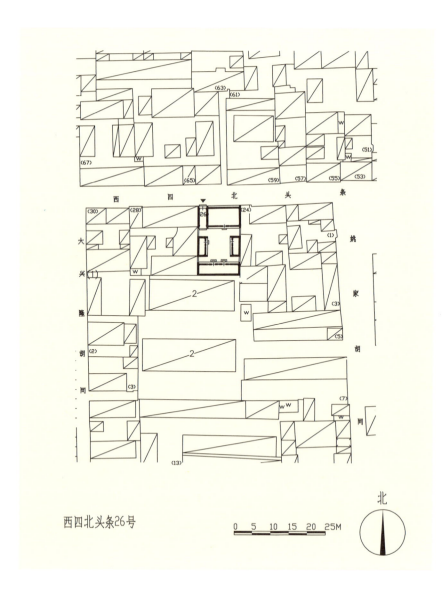

西四北头条26号

大门

大门后檐倒挂楣子

北房

北房东次间装修

西厢房

南房

西四北二条3号

位于西城区新街口街道，清代至民国时期建筑，现为居民院。

该院坐北朝南，一进院落。原大门位于院落东南隅，现已和倒座房一起改建为铺面房，形制无存。现于院落西南隅开门一间，鞍子脊合瓦屋面，红漆板门一扇。大门东侧倒座房四间（包括原大门一间），西侧两间，后改机瓦屋面，封后檐墙，前檐已封堵。院内正房三间，前出廊，清水脊合瓦屋面，脊饰花盘子，装修为后改。正房两侧东西耳房各一间，过垄脊合瓦屋面，装修为后改。院内东西厢房各三间，鞍子脊合瓦屋面，装修为后改。

大门

大门东侧倒座房

东厢房

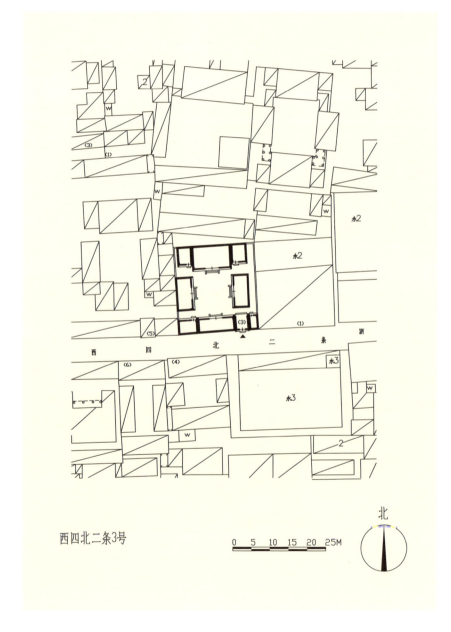
西四北二条3号

0 5 10 15 20 25M

北

正房

西四北二条7号

位于西城区新街口街道，清代至民国时期建筑，现为居民院。

该院坐北朝南，两进院落。原大门位于院落东南隅，后大门及其倒座房一同翻建，现已无存。倒座房西数第四间开门，门上圆形门簪两枚，红漆板门两扇，门包页一副，方形门墩一对。倒座房面阔八间，硬山顶，机瓦屋面，菱角檐封后檐墙。院内原有垂花门及两侧看面墙，现已拆除。二进院正房三间，前出廊，鞍子脊合瓦屋面，装修为后改。正房两侧耳房各一间，机瓦屋面，装修为后改。院内东西厢房各三间，前出廊，鞍子脊合瓦屋面，装修为后改。

大门

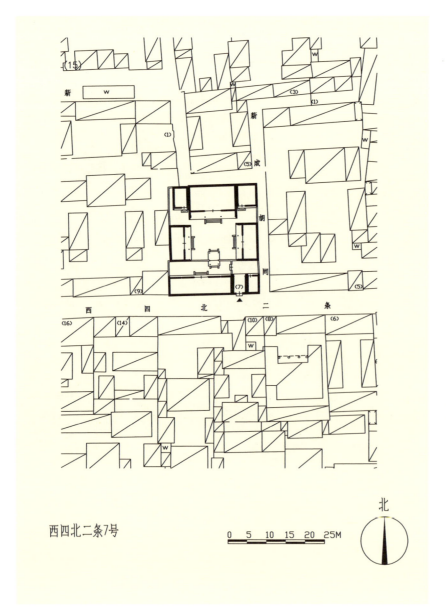

西四北二条7号

0　5　10　15　20　25M

北

大门门墩

大门东侧倒座房

正房

西厢房

西四北二条9号

位于西城区新街口街道，清代至民国时期建筑，现为居民院。

该院坐北朝南，一进院落带跨院。原大门位于院落东南隅，后大门及其倒座房一同翻建，现已无存。现将倒座房东数第三间（原大门位置）辟为门道，红漆板门两扇。倒座房面阔八间，其中西侧三间，为鞍子脊合瓦屋面，其余各间均为机瓦屋面，封后檐墙。正房三间，前出廊，清水脊合瓦屋面，脊饰花盘子，装修为后改。正房东西耳房各两间，清水脊合瓦屋面，脊饰花盘子，东耳房后改机瓦屋面，装修为后改。东西厢房各三间，清水脊合瓦屋面，脊饰花盘子，装修为后改。厢房南侧各有厢耳房一间，鞍子脊合瓦屋面，装修为后改。西跨院拆改严重，形制无存。

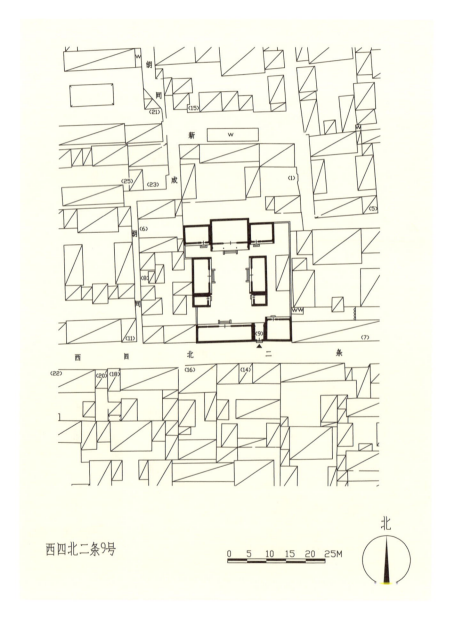

西四北二条9号

0 5 10 15 20 25M

北

大门

大门西侧倒座房

正房

正房东侧耳房

东厢房

西四北二条11号

位于西城区新街口街道，清代至民国时期建筑，现为居民院。

该院坐北朝南，二进院落，西带一路跨院。院落东南隅开如意大门一间，清水脊合瓦屋面，门头海棠池素面栏板装饰，红漆板门两扇，铺首一对，方形门墩一对，前出如意踏跺三级。大门西侧倒座房六间，机瓦屋面，抽屉檐封后檐墙。西接耳房二间，机瓦屋面，抽屉檐封后檐墙。大门内座山影壁一座。一进院北侧有一殿一卷式垂花门一座，悬山

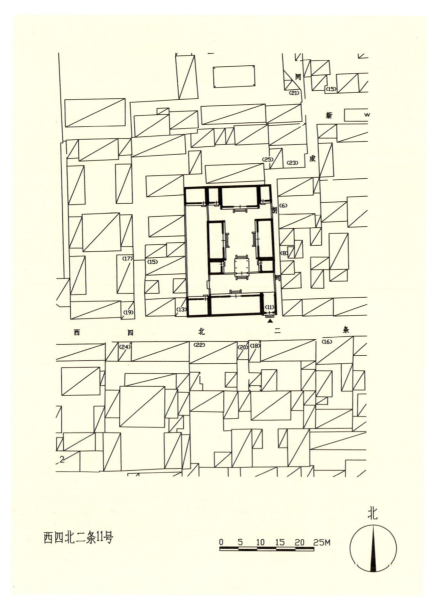

西四北二条11号

0 5 10 15 20 25M

北

大门

顶，后改机瓦屋面，花板现已严重损坏，门上有梅花形门簪两枚，门板现已遗失。垂花门两侧原有看面墙，现已损毁，其北侧游廊已改为住房。二进院正房三间，后改机瓦屋面，明间为槅扇风门，大方格套菱形嵌玻璃棂心，次间为十字方格嵌玻璃装修，明间出如意踏跺三级。正房两侧东西耳房各一间。二进院内东西厢房各三间，鞍子脊合瓦屋面，东厢房后改机瓦屋面，装修为后改。厢房南侧各有厢耳房一间。院落西侧有一进跨院，东侧南北两端各开一月亮门分别与主院一二进相通，现已拆除。西跨院内北房二间，机瓦屋面，装修为后改，南房即为倒座房西耳房。

倒座房

垂花门

垂花门装修

二进院正房

二进院正房明间装修

二进院西厢房

西四北二条17、19号

位于西城区新街口街道，清代至民国时期建筑，现为居民院。

该院坐北朝南，两进院落。院落东南隅开金柱大门一间，如意门做法，清水脊合瓦屋面，脊饰花盘子，戗檐、博缝头及象眼处有雕花，前檐绘有苏式彩画，檐柱间装饰有雀替。门头栏板装饰，梅花形门簪两枚，红漆板门两扇，上有门钹一对，门联曰"大地流金，长空溢彩"，方形门墩一对，前出踏跺五级。大门西侧倒座房三间，鞍子脊合瓦屋面，

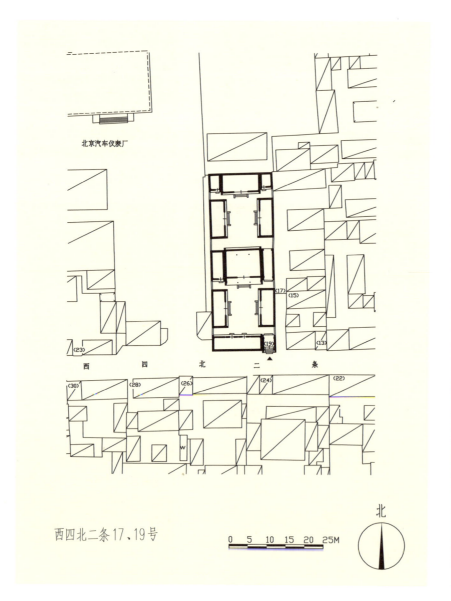

西四北二条17、19号

大门

封后檐墙，装修为后改。迎门有一座山影壁，软心做法。一进院正房三间，前后出廊，清水脊合瓦屋面，脊饰花盘子，装修为后改。正房两侧东西耳房各一间，合瓦屋面。东西厢房各三间，鞍子脊合瓦屋面，装修为后改。二进院正房三间，清水脊合瓦屋面，脊饰花盘子，次间保存有十字方格支摘窗，其余装修为后改，前出踏跺三级，正房东西耳房各一间，合瓦屋面，装修为后改。东西厢房各三间，西厢房为鞍子脊合瓦屋面，装修为后改，东厢房现已翻建。

大门门墩

象眼雕花

一进院正房

大门西侧倒座房

一进院西厢房

二进院西厢房

西四北二条25号

位于西城区新街口街道，清代至民国时期建筑，现为居民院。

该院坐北朝南，两进院落。院落东南隅开广亮大门一间，清水脊合瓦屋面，脊饰花盘子，戗檐处有砖雕，门上有走马板，梅花形门簪四枚，红漆板门两扇，圆形门墩一对，前出踏跺两级，大门东侧倒座房一间，西侧倒座房五间，清水脊合瓦屋面，脊饰花盘子，封后檐墙。一进院正房三间，前出廊，清水脊合瓦屋面，脊已毁，装修为后改，前出踏跺三级。正房东西耳房各一间。东西厢房各三间，西厢房，前出廊，清水脊合瓦屋面，脊饰花盘子，装修为后改，前出踏跺三级，戗檐处有砖雕。东厢房现已翻建。二进院后罩房五间，清水脊合瓦屋面，脊饰花盘子，装修为后改。后罩房两侧各有耳房一间。

大门

大门西侧戗檐砖雕

大门门墩

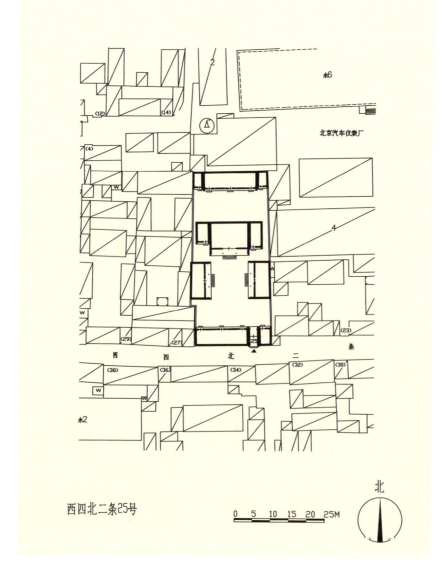
西四北二条25号

0 5 10 15 20 25M

北

大门东侧门房

一进院正房

大门西侧倒座房

西厢房戗檐砖雕

二进院后罩房

西
四
北
二
条
27
号

位于西城区新街口街道，清代至民国时期建筑，现为居民院。

该院坐北朝南，两进院落。院落东南隅开如意大门一间，清水脊合瓦屋面，脊饰花盘子，梅花形门簪两枚，红漆板门两扇，门钹一对及门包页一副。大门西侧倒座房四间，机瓦屋面，菱角檐封后檐墙。一进院正房五间，机瓦屋面，装修为后改，明间开为门道，后带一卷抱厦。二进院正房三间，前出廊，清水脊合瓦屋面，脊饰花盘子，装修为后改。正房东西耳房各一间。东西厢房各三间，清水脊合瓦屋面，脊饰花盘子，装修为后改。

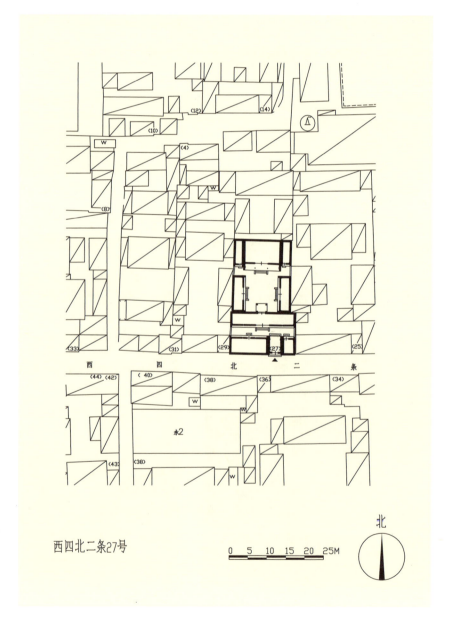

西四北二条27号

0 5 10 15 20 25M

北

大门

大门西侧倒座房

一进院北房

东厢房

二门

二进院正房

西四北二条29号

位于西城区新街口街道，清代至民国时期建筑，现为居民院。

该院坐北朝南，两进院落。院落东南隅开如意大门一间，清水脊合瓦屋面，脊饰花盘子，戗檐、博缝头处有砖雕，前檐绘有苏式彩画，门楣及如意头处有花卉砖雕，红漆板门两扇，门枕石一对，后檐装饰有菱形棂心倒挂楣子。大门西侧倒座房三间，现已翻建。一进院正房三间，前出廊，鞍子脊合瓦屋面，披水排山，装修为后改。正房东西耳房各一间，合瓦屋面，东耳房开为过道。东西厢房各三间，过垄脊合瓦屋面，披水排山，装修为后改。二进院后罩房五间，机瓦屋面，装修为后改。

大门

门楣雕花装饰

象鼻雕花装饰

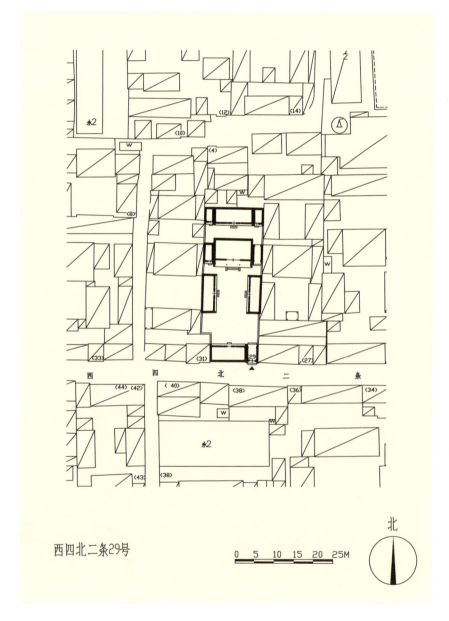

西四北二条29号

0 5 10 15 20 25M

北

大门后檐倒挂楣子

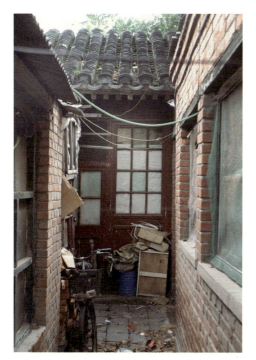

大门西侧倒座房

一进院西厢房

一进院正房

二进院正房

西四北二条33号

位于西城区新街口街道，清代至民国时期建筑，现为居民院。

该院坐北朝南，三进院落带跨院。院落东南隅开如意大门一间，进深五檩，清水脊合瓦屋面，脊饰花盘子，门头花瓦装修，梅花形门簪两枚，红色板门两扇，门钹一对，如意头门包页一副。大门东侧倒座房两间，西侧四间，菱角檐封后檐墙，后改机瓦屋面，装修为后改。一进院北侧有垂花门一座，过垄脊筒瓦屋面，装饰有花板、花罩、雀替及垂莲柱头，门上梅花形门簪两枚，门前门墩一对，前出踏跺两级。一进院西房一间，过垄脊合瓦屋面，装修为后改。二进院正房面阔三间，前后出廊，清水脊合瓦屋面，脊饰花盘子，装修为后改。正房两侧东西耳房各一间，鞍子脊合瓦屋面，装修为后改。院内东西厢房各三间，前出廊，鞍子脊合瓦屋面，西厢房后改机瓦屋面，装修为后改。东跨院南侧东房面阔三间，北侧东房面阔两间，鞍子脊合瓦屋面，装修为后改。三进院后罩房面阔六间，鞍子脊合瓦屋面，装修为后改。

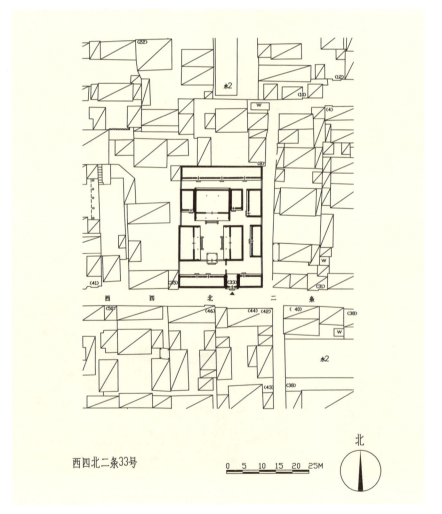

西四北二条33号

0 5 10 15 20 25M

北

大门

门头花瓦

大门西侧倒座房

花板

垂花门局部

雀替

一进院垂花门

垂花门门墩

二进院正房

二进院东厢房

三进院后罩房

位于西城区新街口街道，清代至民国时期建筑，现为居民院。

该院坐北朝南，一进院落。院落东南隅开如意大门一间，鞍子脊合瓦屋面，披水排山，戗檐处砖雕已损坏，门头做栏板装饰，下端有须弥座，梅花形门簪两枚，红漆板门两扇，门包页一副，方形门墩一对，前出如意踏跺三级，大门后檐装饰卧蚕步步锦棂心倒挂楣子及花牙子。大门两侧倒座房各三间，干搓瓦屋面，封后檐墙，前檐保存有部分嵌菱形装修，后檐墙开有券窗。院内正房面阔三间，前出廊，清水脊合瓦屋面，脊饰花盘子，前出连三踏跺三级，戗檐处有砖雕，装修为后改。正房西侧耳房一间，现已翻建。东厢房三间，鞍子脊合瓦屋面，装修为后改。西厢房三间，后改机瓦屋面，装修为后改。

大门

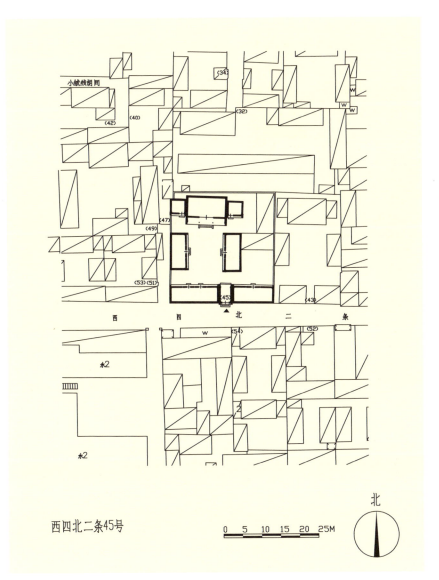

西四北二条45号

0 5 10 15 20 25M

北

大门门墩

西四北二条45号

大门后檐倒挂楣子

正房戗檐砖雕

东厢房

大门西侧倒座房

正房

位于西城区新街口街道，清代至民国时期建筑，现为居民院。

该院坐北朝南，一进院落。东南部开随墙门，东向。院内正房三间，前出廊，清水脊合瓦屋面，脊饰花盘子，明间为隔扇风门，前带帘架，上有横披窗，均为步步锦棂心，房前出垂带踏跺四级。正房两侧东西耳房各两间，过垄脊合瓦屋面，装修为后改。南房三间、鞍子脊合瓦屋面，现已翻修。东西厢房各五间，鞍子脊合瓦屋面，装修为后改。

西四北二条49号

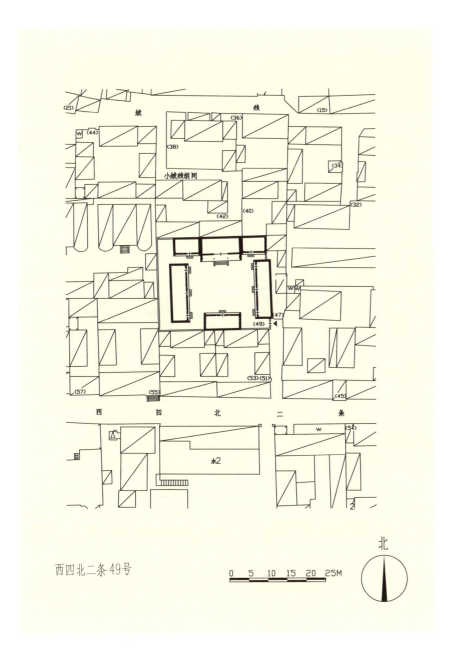

西四北二条49号

0 5 10 15 20 25M

北

大门

正房

位于西城区新街口街道，清代至民国时期建筑，现为居民院。

该院坐北朝南，一进院落。院落东南隅开金柱大门一间，过垄脊合瓦屋面，披水排山，前檐绘有苏式彩画。门上有走马板，红漆板门两扇，铺首一对，圆形门墩一对，前出如意踏跺五级，大门象眼处有花卉图案。大门西侧倒座房四间，鞍子脊合瓦屋面，封后檐墙，装修为后改。院内正房五间，前出廊，过垄脊合瓦屋面，明间为槅扇风门，次间及梢间为支摘窗。东西厢房各三间，过垄脊合瓦屋面，装修为后改。

西四北二条55号

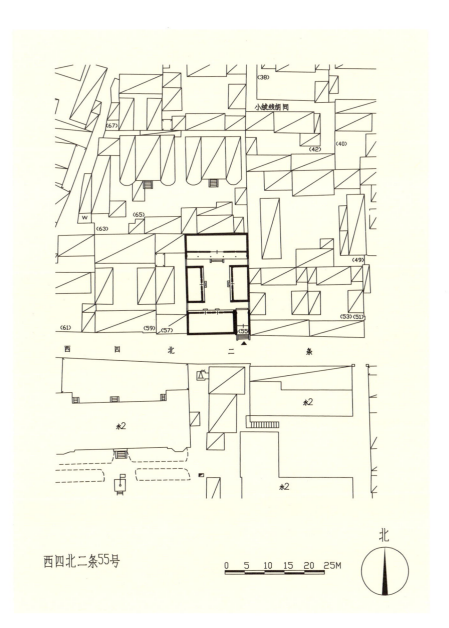

西四北二条55号

0 5 10 15 20 25M

北

大门

象眼雕花

大门门墩

正房

大门西侧倒座房

东厢房南山墙海棠池

西厢房

位于西城区新街口街道，清代至民国时期建筑，现为居民院。

该院坐南朝北，两进院落。院落西北隅开如意大门一间，清水脊合瓦屋面，圆形门簪两枚，红漆板门两扇，门钹一对及壶瓶形门包页一副，圆形门墩一对，大门后檐装饰有步步锦棂心倒挂楣子。大门东侧倒座房四间，西侧两间，均后改机瓦屋面，菱角檐封后檐墙，装修为后改。二进院北房面阔三间，前出廊，过垄脊合瓦屋面，前出垂带踏跺两级，装修为后改，正房东耳房一间，过垄脊合瓦屋面，保存有十字方格装修。西耳房已翻建。院内东西厢房各三间，前出廊，鞍子脊合瓦屋面，装修为后改。南房三间，鞍子脊合瓦屋面，装修为后改，南房两侧东西耳房各两间，鞍子脊合瓦屋面，装修为后改。

西四北二条50号

大门

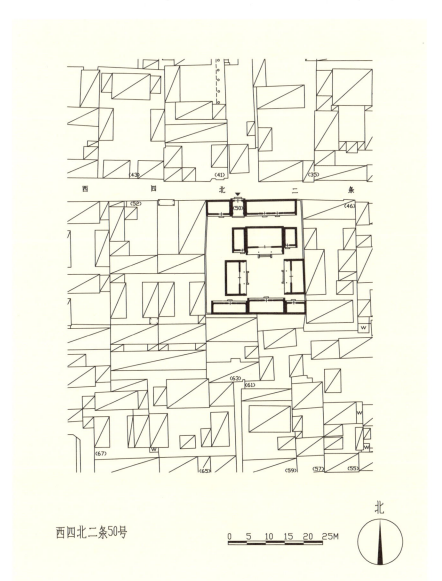

西四北二条50号

0 5 10 15 20 25M

北

大门门墩

倒挂楣子

大门东侧倒座房

东厢房

南房

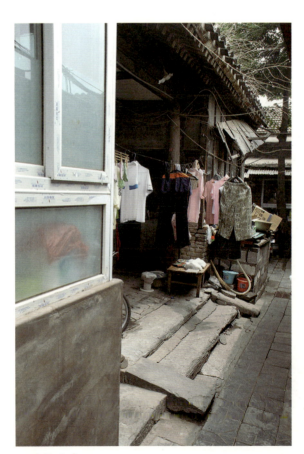

二进院北房

北房东侧耳房

位于西城区新街口街道，民国时期建筑，现为居民院。

该院坐南朝北，两进院落。院落西北隅开金柱大门一间，清水脊合瓦屋面，脊饰花盘子，前檐柱间装饰有灯笼锦棂心倒挂楣子，后檐柱间装饰有步步锦棂心倒挂楣子及花牙子。走马板绘有彩画，梅花形门簪两枚，红漆板门两扇，门钹一对及门包页一副，方形门墩一对，前出踏跺六级。迎门有座山影壁一座，上部有花瓦和砖雕装饰，软心做法。其东侧原有屏门，现已损毁。一进院北房三间，清水脊合瓦屋面，脊饰花盘子，老檐出后檐墙，后檐绘有苏式彩画，装修为后改。北房东侧耳房一间，清水脊合瓦屋面，脊饰花盘子，老檐出后檐墙，装修为后改。一进院南房面阔三间，后改机瓦屋面，装修为后改。南房东侧耳房一间，鞍子脊合瓦屋面，装修为后改。西侧为一幢面阔一间的二层小楼，鞍子脊合瓦屋面，一层为过道，二层保存有步步锦装修。一进院东西厢房各三间，鞍子脊合瓦屋面，装修为后改。二进院西房两间，鞍子脊合瓦屋面，装修为后改。

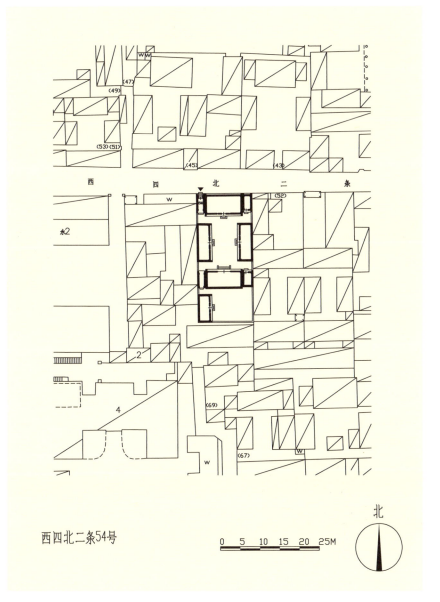

西四北二条54号

0 5 10 15 20 25M

北

大门

大门门墩

一进院北房

座山影壁

一进院东厢房

一进院北房背立面

影壁局部雕花

一进院南房西侧二层楼

位于西城区新街口街道，民国时期建筑，现为居民院。

该院坐北朝南，东西两路，三进院落。如意门一间，位于院落东南角，清水脊合瓦屋面，脊饰花草砖，素面门楣、栏板花瓦，圆形门簪两枚，红漆板门两扇，方形门墩一对，如意踏跺三级，后檐柱间饰步步锦倒挂楣子。大门东侧倒座房二间，西侧倒座房两座，共九间，清水脊合瓦屋面，前檐为现代装修，冰盘檐封后檐墙。大门内一字影壁一座，清水脊筒瓦屋面。东路一进院有东房一间，二进院原有二门一座，已拆除，门两侧围墙尚残存。二进院正房三间，清水脊合瓦屋面，前后出廊。正房东耳房二间，过垄脊合瓦屋面，其东侧一间为通往后院过道。二进院东厢

大门及倒座

门簪

大门门墩

大门内步步锦倒挂楣子

西四北三条5号

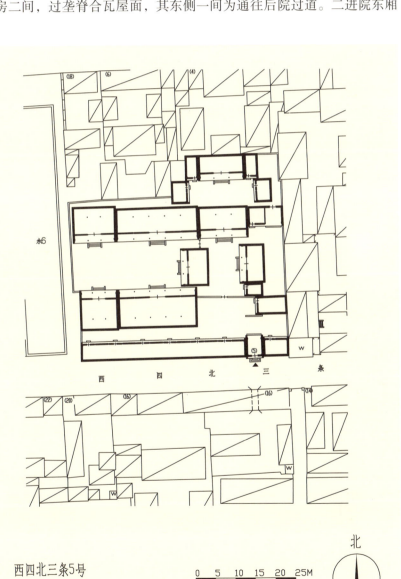

西四北三条5号

0 5 10 15 20 25M

北

房三间，清水脊合瓦屋面，前出廊，前檐装修为现代门窗。南侧厢耳房一间，过垄脊合瓦屋面。三进院正房三间，清水脊合瓦屋面，前出廊，前檐装修为现代门窗。两侧耳房各一间，过垄脊合瓦屋面。东、西厢房各二间，清水脊合瓦屋面。

西路前后两进院落，随墙门一座与东路二进院相通。一进院为倒座房，二进院内有北房两座，共八间，前后出廊，过垄脊合瓦屋面。南房八间，前后出廊，清水脊合瓦屋面，前檐装修为后改。东厢房三间，干槎瓦屋面，前出廊，前檐装修为后改。

东路二进院东厢房及厢耳房

东路二进院正房

过道

东路三进院正房

博缝头砖雕

西路二进院东厢房

西路二进院正房

西路二进院南房

西四北三条11号

位于西城区新街口街道，清代晚期至民国初期建筑。此院曾为马福祥的住宅，新中国成立后，该院曾作为西城区教育局使用，现为西四北幼儿园使用。1984年由北京市人民政府公布为北京市文物保护单位。

马福祥（1876-1936），字云亭，回族，临夏县人。清光绪二十二年（1896年）考中武举人。光绪二十三年（1897年）随董福祥进京，驻防蓟州。民国后，于1912年在袁世凯政府中任宁夏镇总兵，后任宁夏护军使等职。民国九年（1920年）7月任绥远都统。民国十七年（1928年）春，国民党二中全会上被选为中央执行候补委员和国民政府委员。

该院坐北朝南，前后共五进院落，东侧带一座跨院。广亮大门一

戗檐砖雕

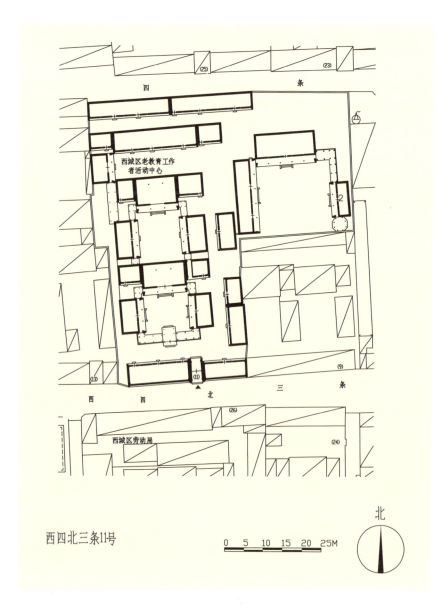

西四北三条11号

大门门墩

间，位于院落东南角，清水脊合瓦屋面，脊饰花草砖，戗檐处砖雕喜上眉梢图案，博缝头砖雕万事如意图案，梅花形门簪四枚，红漆板门两扇，圆形门墩一对。大门西侧倒座房五间，东侧三间，过垄脊合瓦屋面，前檐装修为现代装修，老檐出后檐墙。一进院北侧一殿一卷式垂花门一座，垂花门两侧为抄手游廊，四檩卷棚顶筒瓦屋面，绿色梅花方柱，步步锦棂心倒挂楣子、花牙子。二进院正房三间，过垄脊合瓦屋面，前后出廊，前檐装修为后改，老檐出后檐墙。正房两侧耳房各两间，过垄脊合瓦屋面。院内东、西厢房各三间，过垄脊合瓦屋面，前出廊，前檐装修为后改。院内建筑以廊子相连。三进院与第二进格局及形制相同，其中东厢房和东耳房改为现代机瓦屋面。四进院正房七间，屋面为现代机瓦屋面，前檐装修为后改。正房两侧耳房各二间，过垄脊合瓦屋面。西厢房三间，过垄脊合瓦屋面。第五进院后罩房十四间，过垄脊合瓦屋面，前檐装修为后改。东跨院为一进院，为该宅院花园部分。院内北房五间，过垄脊合瓦屋面，披水排山，前出廊，前檐装修为后改。西厢房五间，过垄脊合瓦屋面，前出廊，前檐装修为后改。院东侧为二层配楼，面阔三间，过垄脊合瓦屋面，披水排山，一层檐下带木挂檐板。楼南侧有一座八角形攒尖顶小亭，立于假山之上。楼北侧连接假山叠石，下有山洞，假山石上建爬山游廊通往东侧二层配楼。

金柱大门

门簪

盘长如意瓦当

西路垂花门及看面墙

垂花门花草砖

花板

垂花门门墩

西路二进院西厢房

西路二进院正房

西路三进院正房

西路三进院西厢房

廊子倒挂楣子花牙子

西路四进院正房

西路四进院西厢房

西路四进院耳房

西路五进院后罩房

东路正房

爬山游廊及假山石

东路东侧二层楼及爬山游廊

爬山游廊

西四北三条19号

位于西城区新街口街道，民国时期建筑，1984年由北京市人民政府公布为北京市文物保护单位，现为居民院。

坐北朝南，二进院落。如意门一间，位于院子东南角，清水脊合瓦屋面，脊饰花草砖，门楣栏板砖雕牡丹图案，戗檐、博风头砖雕花卉图案，梅花形门簪两枚，象眼砖雕花卉、博古图案，板门两扇，方形门墩一对，后檐柱间饰盘长如意倒挂楣子。大门西侧倒座房六间，清水脊合瓦屋面，前檐装修后改现代门窗，封后檐墙。一进院北侧正中一殿一卷式垂花门一座，梁枋绘苏式彩画，花罩和花板镂刻缠枝花卉图案。垂花门两侧连接游廊，后改机瓦屋面。二进院正房三间，前后出廊，过垄脊合瓦屋面，披水排山，前檐明间槅扇风门，前出垂带踏跺四级，次间槛墙支摘窗，正房两侧耳房各一间。院内东、西厢房各三间，前出廊，过垄脊合瓦屋面，披水排山，前檐明间槅扇风门，前出如意踏跺三级，次间槛墙支摘窗。

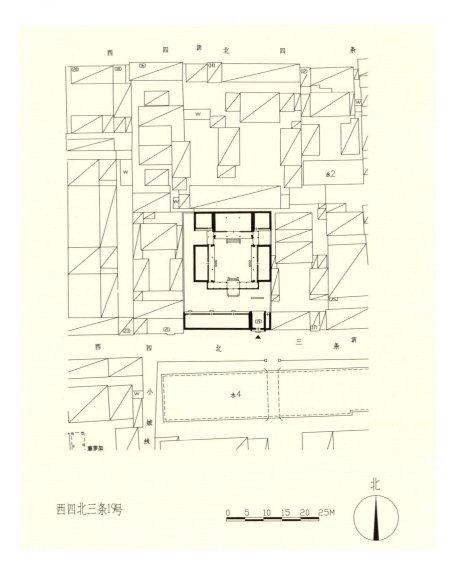

西四北三条19号

0　5　10　15　20　25M

北

如意大门

门头砖雕局部

戗檐砖雕

大门及倒座房

大门门墩

大门象眼砖雕

大门倒挂楣子

垂花门

垂花门花罩及垂莲柱

西四北三条27号

位于西城区新街口街道，清代晚期建筑，现为居民院。

该院坐北朝南，二进院落。金柱大门一间，位于院落东南角，清水脊合瓦屋面，脊饰花盘子，戗檐砖雕花卉图案，象眼砖雕锦文图案，板门两扇，圆形门墩一对，雕刻"五世同居"图案，后檐柱倒挂楣子。大门东侧倒座房半间，西侧五间，过垄脊合瓦屋面，前檐装修为后改，封后檐墙。门内一字影壁一座。披水排山脊筒瓦屋面，素面软影壁心。一进院北侧正中五檩垂花门一座，花板雕刻蕃草纹图案，方形门墩一对。两侧连接抄手游廊。二进院正房三间，清水脊合瓦屋面，前后出廊，脊饰花盘子，前檐装修为后改。两侧耳房各二间，过垄脊合瓦屋面。院内东、西厢房各三间，南侧带厢耳房各二间，过垄脊合瓦屋面，前檐装修为后改。

金柱大门

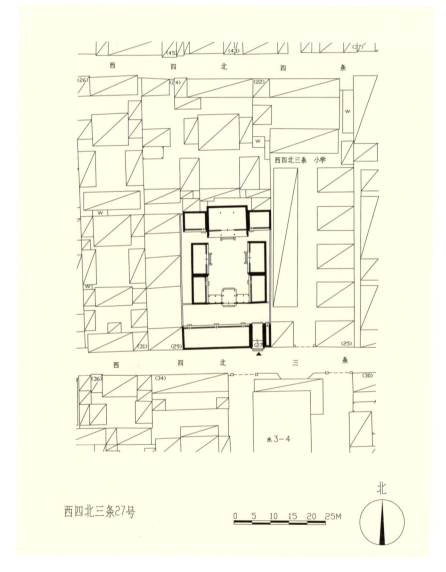

西四北三条27号

0 5 10 15 20 25M

北

大门门墩

门簪

门内一字软心影壁

大门内倒挂楣子

大门及倒座房

垂花门雀替

东厢房及厢耳房

垂花门

垂花门花板

垂花门门墩

二进院正房

院内植物花卉

大门及倒座房

门楣花瓦

位于西城区新街口街道，民国时期建筑，现为居民院。

该院坐北朝南，二进院落。如意门一间，位于院子东南角，清水脊合瓦屋面，脊饰花盘子，门楣花瓦做法，梅花形门簪两枚，板门两扇，如意形门包页，方形门墩一对，后檐柱间步步锦棂心倒挂楣子。大门西侧倒座房四间，后改机瓦屋面，前檐装修为后改现代门窗。一进院正房三间，过垄脊合瓦屋面，前檐装修为现代门窗，老檐出后檐。正房东西两侧耳房各一间，过垄脊合瓦屋面，东一间为过道。东西厢房各两间，均已翻建。二进院正房三间，清水脊合瓦屋面，脊饰花盘子，前出廊，明间垂带踏跺三级，前檐装修为现代门窗。东厢房三间，清水脊合瓦屋面，西厢房已翻建，机瓦屋面。

大门门墩

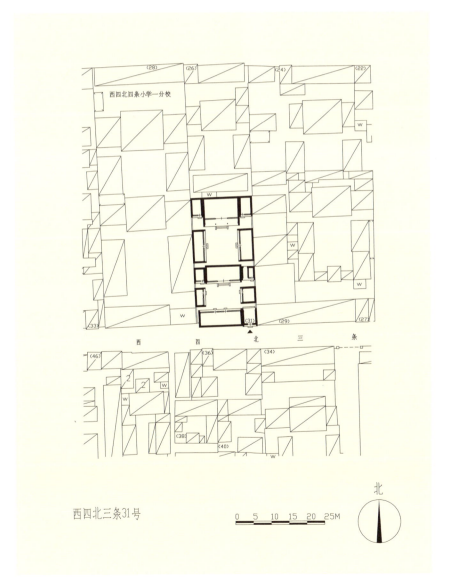

西四北三条31号

0 5 10 15 20 25M

北

大门倒挂楣子

一进院正房

一进院东厢房

二进院正房

二进院东厢房

位于西城区新街口街道，民国时期建筑，1984年由北京市人民政府公布为北京市文物保护单位。

程砚秋（1904-1958），满族，北京人，京剧"四大名旦"之一。该宅院是程砚秋于1938年购置，其后人一直居住至今。

该宅院为民国时期建筑，坐北朝南，两进院落。如意门一间，位于院落东南角，清水脊合瓦屋面，栏板砖雕海棠池、门楣挂落板部分万不断图案，戗檐砖雕梅花图案（残损），红漆板门两扇，门钹一对，方形门墩一对。大门西侧倒座房四间，过垄脊合瓦屋面，前檐装修为现代门窗，封后檐墙。院内一进院北房四间，过垄脊合瓦屋面。西厢房三间，

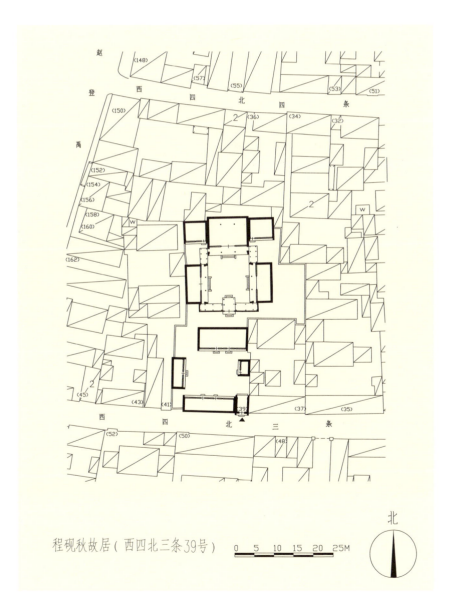

程砚秋故居（西四北三条39号）

0 5 10 15 20 25M

北

大门

门楣

戗檐砖雕

程砚秋故居（西四北三条39号）

过垄脊合瓦屋面。东厢房一间半，过垄脊合瓦屋面。二进院南侧正中为一殿一卷式垂花门一座，前卷前檐为垂莲柱头，花罩雕刻缠枝花卉图案，垂花门两侧连接抄手游廊。二进院正房三间，前后出廊，清水脊合瓦屋面，脊饰花草砖，前檐明间槅扇风门，次间槛墙大玻璃窗装修。正房东西两侧耳房各二间，过垄脊合瓦屋面。院内东西厢房各三间，前出廊，过垄脊合瓦屋面，前檐明间槅扇风门，次间槛墙大玻璃窗。

护墙石

垂花门

大门及倒座房

前院正房

二进院正房

位于西城区新街口街道，清代至民国时期建筑，现为居民院。

该院坐南朝北，两进院落。该院落在一进院北房西侧开门，红漆板门两扇。一进院北房面阔五间，机瓦屋面，封后檐墙。二进院北房面阔五间，前出廊，鞍子脊合瓦屋面，前出踏跺四级，装修为后改。南房面阔三间，鞍子脊合瓦屋面，装修为后改。南房东西耳房各一间，装修为后改。东西厢房各三间，鞍子脊合瓦屋面，装修为后改。

大门及北房

透风

一进院北房

二进院北房

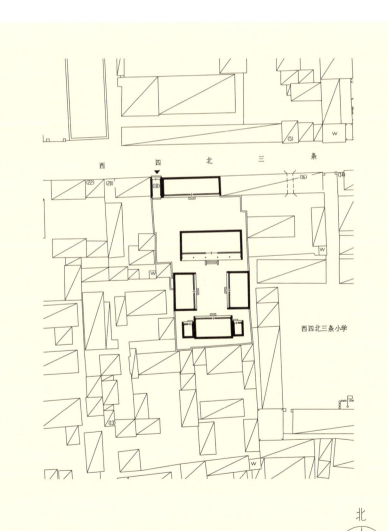

西四北三条18号

西 四 北 三 条

西四北三条小学

0 5 10 15 20 25M

北

西四北三条18号

西四北三条24号

位于西城区新街口街道，清代至民国时期建筑，现为居民院。

该院坐北朝南，两进院落。该院落原于东南隅开门一间，现已封堵，现于院东墙南侧开便门。原大门东侧门房半间，西侧倒座房五间。一进院正房三间，前出廊，清水脊合瓦屋面，脊饰花盘子，装修为后改。正房东耳房一间、西耳房两间均为机瓦屋面。东厢房三间，清水脊合瓦屋面，脊饰花盘子，装修为后改。西厢房现已拆除。二进院后罩房七间，鞍子脊合瓦屋面，装修为后改。

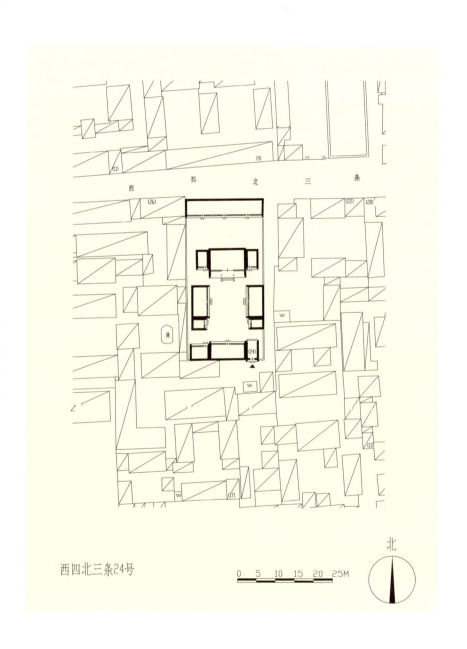

西四北三条24号

0 5 10 15 20 25M

北

大门

正房

通往南门过道

后罩房后檐

西四北四条33号

位于西城区新街口街道，民国时期建筑，现为居民院。

该院坐北朝南，三进院落。广亮大门一间，位于院落东南角，过垄脊合瓦屋面，披水排山，前檐柱间装饰雀替一对。梅花形门簪四枚，板门两扇，圆形门墩一对，戗檐砖雕喜上眉梢图案。大门西侧倒座房三间，过垄脊合瓦屋面，前檐装修为后改，封后檐墙。门内迎门一字影壁一座，后改机瓦屋面，冰盘檐装饰蕃草连珠纹。一进院过厅五间，过垄脊合瓦屋面，明间为过道，后出四檩卷棚抱厦一间，悬山顶，披水排山脊筒瓦屋面，柱间带步步锦倒挂楣子。二进院正房三间，过垄脊合瓦屋面，前后出廊，前檐装修后改现代门窗，老檐出后檐。正房两侧耳房各一间，翻建。东西厢房各三间，前出廊，过垄脊合瓦屋面，前檐装修后改现代门窗。院内有海棠树和葡萄架。三进院后罩房五间，翻建。

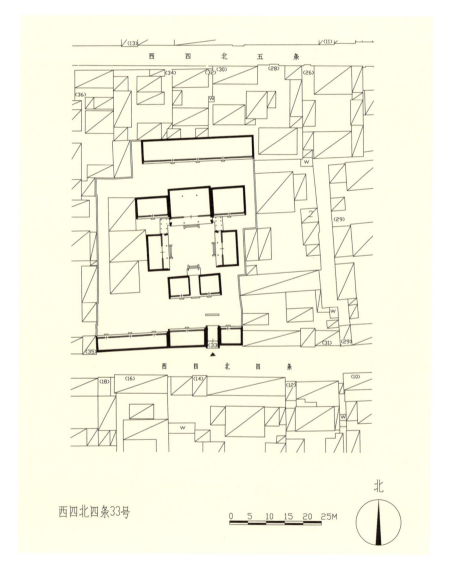

西四北四条33号

大门

门簪

影壁

过厅

过厅后抱厦

二进院北房

葡萄架

二进院东厢房

南房

海棠树

西四北四条35号

位于西城区新街口街道，清代晚期建筑，现为居民院。

该院坐北朝南，二进院落。金柱门一间，位于院落东南角，过垄脊合瓦屋面，披水排山，前檐柱间装饰雀替，梅花形门簪四枚，板门两扇，圆形门墩一对。迎门座山影壁一座，过垄脊筒瓦屋面。大门西侧倒座房三间，后改现代机瓦屋面，前檐装修为后改。一进院正房三间，清水脊合瓦屋面（脊毁），前檐装修为后改，老檐出后檐。正房两侧耳房各一间，过垄脊合瓦屋面，东耳房为过道。东西厢房各三间，东厢房为后翻建，西厢房为过垄脊合瓦屋面。第二进院内正房四间，后改现代机瓦屋面，前檐装修为后改，西厢房二间，过垄脊合瓦屋面，前檐装修后改现代门窗。

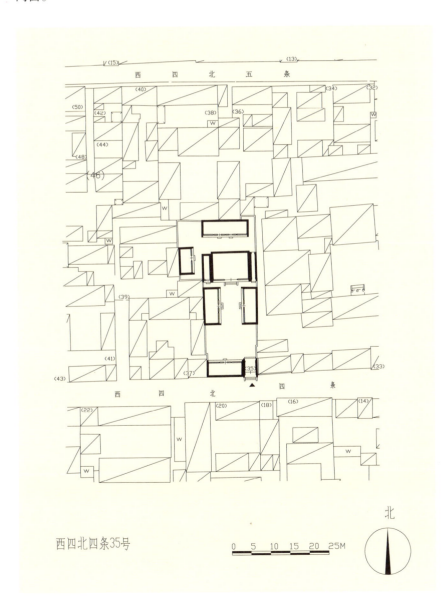

西四北四条35号

0 5 10 15 20 25M

北

大门及倒座

大门盘子砖

门簪

大门门墩

正房

门内影壁

东厢房

位于西城区新街口街道，清代晚期建筑，现为居民院。

该院坐北朝南，二进院落。如意大门一间，位于院落东南角，清水脊合瓦屋面，脊饰花盘子，门楣花瓦做法，梅花形门簪两枚，板门两扇。大门东侧倒座房一间，西侧六间，过垄脊合瓦屋面，部分翻建，前檐装修为后改，封后檐墙。一进院正房三间，前出廊，过垄脊合瓦屋面，前檐装修为后改。正房西侧耳房二间，东侧一间，过垄脊合瓦屋面，东耳房半间为过道。东西厢房各三间，过垄脊合瓦屋面。二进院内正房三间，过垄脊合瓦屋面，前檐装修为后改。

大门

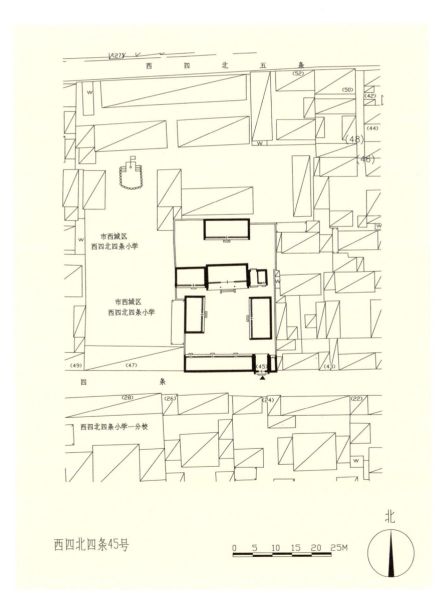

西四北四条45号

门楣花瓦

影壁

西四北四条45号

大门内花牙子

一进院东厢房

一进院北房

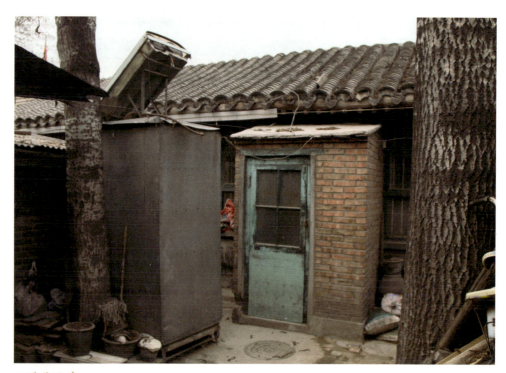

二进院北房

位于西城区新街口街道，民国时期建筑，现为居民院。

该院坐南朝北，两进院落。大门一间，金柱大门形式，北向，清水脊合瓦屋面，脊饰花盘子，前檐柱间装饰雀替，金柱位置做如意门形式装修，门楣栏板做素面海棠池装饰，梅花形门簪两枚，板门两扇，方形门墩一对，后檐柱间装饰步步锦倒挂楣子。一进院内大门东侧北房四间，过垄脊合瓦屋面，前檐装修为后改，封后檐墙。二进院北房三间，前后出廊，清水脊合瓦屋面，脊残，前檐装修为后改，老檐出后檐。北房两侧耳房各一间，过垄脊合瓦屋面，西耳房为过道。东西厢房各三间，清水脊合瓦屋面，东厢房瓦面改建为过垄脊，前檐装修为后改。南房四间，清水脊合瓦屋面，前檐装修为后改。

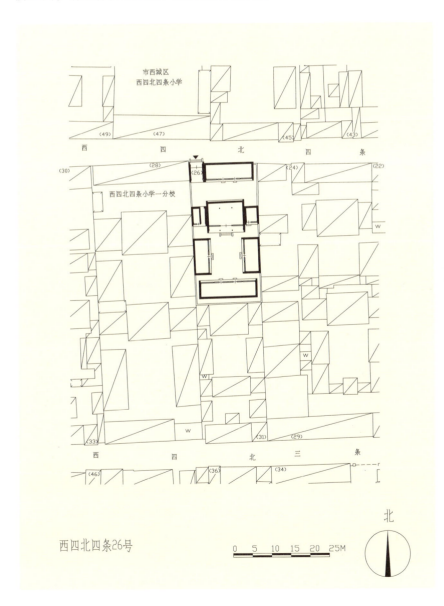

西四北四条26号

0 5 10 15 20 25M

北

大门

雀替及门簪

大门门墩

大门及北房

过道

二进院北房

二进院南房

东厢房

西四北四条28号

位于西城区新街口街道，清代晚期建筑。清代时此处曾为义塾，清光绪九年（1883年）正红旗官学由阜成门内迁至此处，并对建筑进行了修葺，形成如今之规模。光绪二十八年（1902年）此处改为八旗高等小学堂。民国后，1915年改为京师公立第四小学堂。1941年改为北平师范附属小学。1972年改称西四北四条小学。目前为西四北四条小学一分校，即北京师范大学附属第一小学。

该院坐北朝南，三进院落，正门原在院子东南角（即西四北三条胡同）。1950年将后门扩大，改建为现在的正门。大门北向，仿金柱大门形式，开在临街北房东北侧，一间，过垄脊合瓦屋面，梅花形门簪四枚，板门两扇，圆形门墩一对（后补配）。一进院大门西侧北房五间，东侧二间，过垄脊合瓦屋面，前檐装修为现代门窗，封后檐墙。二进院正房三间，前后出廊，过垄脊合瓦屋面，披水排山，明间前出垂带踏跺四级，前檐装修为现代门窗，老檐出后檐墙。正房两侧耳房各二间，东耳房西侧一间为过道，过垄脊合瓦屋面，披水排山。东西厢房各三间，过垄脊合瓦屋面，前檐装修为现代门窗。三进院正房三间，前后出廊，过垄脊合瓦屋面，明间前出垂带踏跺四级，前檐装修为现代门窗，老檐出后檐墙。正房两侧耳房各二间，过垄脊合瓦屋面，披水排山，东耳房西侧一间为过道。东西厢房各五间，过垄脊合瓦屋面，前檐装修为现代门窗。南房均已翻建。

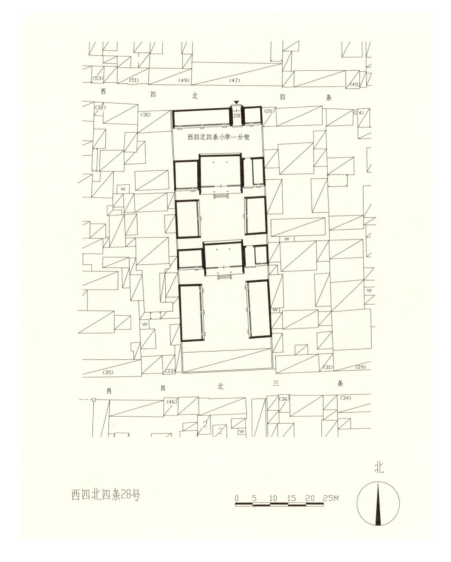

西四北四条28号

北

0 5 10 15 20 25M

大门

大门门墩

二进院正房

二进院西厢房

三进院正房

三进院东厢房

西四北五条7号

位于西城区新街口街道，民国时期建筑。民国时期为著名学者、教育家傅增湘先生住宅，现为居民院。

傅增湘（1872－1949），字沅叔，号姜庵，四川江安人。清光绪二十四年（1898年）进士，1917~1919年任教育总长，1927年任故宫博物院图书馆馆长。傅增湘长期从事图书收藏和版本目录研究，藏书总计达20余万卷，其藏书之处称为双鉴楼或藏园。

该院坐北朝南，四进院落。广亮大门一间，位于院落东南角，清水脊合瓦屋面，戗檐砖雕狮子绣球图案，红漆板门两扇，圆形门墩一对，门内象眼处八方交四方图案砖雕，前檐柱间饰雀替，后檐柱间饰步步锦棂心倒挂楣子，门前出垂带踏跺五级。大门西侧倒座房六间，清水脊合

大门

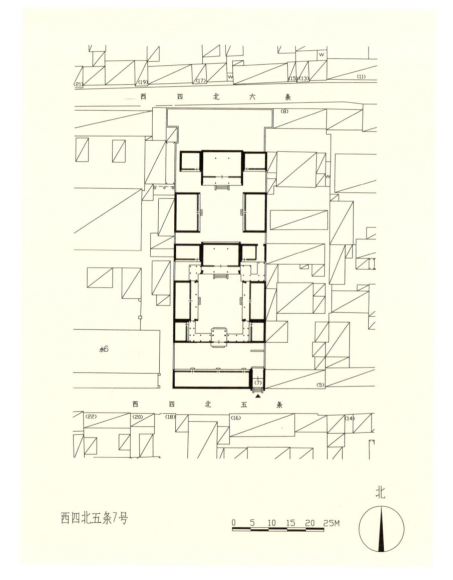
西四北五条7号

0 5 10 15 20 25M

北

大门门墩

大门象眼龟背锦砖雕

瓦屋面。门内有一字影壁一座。一进院北侧有一殿一卷式垂花门一座，两侧连接雕花看面墙，看面墙内侧为游廊，廊柱间带步步锦倒挂楣子。二进院内有正房三间，前后出廊，清水脊合瓦屋面，槅扇裙板雕刻五蝠捧寿图案，前出垂带踏跺四级。正房两侧有耳房各二间，过垄脊合瓦屋面，东耳房东一间为过道。东西厢房各三间，前出廊，清水脊合瓦屋面，梁枋绘有苏式彩画，南侧厢耳房已翻建。三进院有正房三间，清水脊合瓦屋面，前后带廊，梁枋绘苏式彩画，两侧耳房已翻建。东西厢房各三间，前出廊，清水脊合瓦屋面。第四进院现已翻建划归他院。

门内影壁

垂花门

垂花门花草砖

二进院正房

二进院东厢房

廊子

上马石

三进院正房

三进院东厢房

抄手游廊

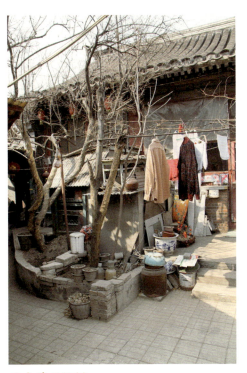

正房前石榴树

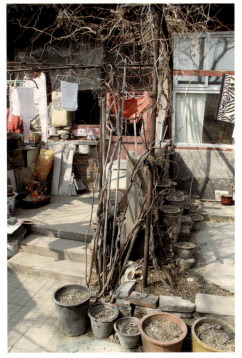

葡萄架

西四北五条13号

位于西城区新街口街道，清代中期建筑，此院据传曾为明代皇帝乳母石老娘的宅院，因此这条胡同原名石老娘胡同，现为居民院。

该院坐北朝南，东西两路，四进院落。西路为住宅区，东路为花园区。广亮大门一间，过垄脊合瓦屋面（原为清水脊，脊饰花草砖），圆形门簪四枚，雕刻"吉祥如意"字样，板门两扇，圆形门墩一对。大门东侧倒座房三间，西侧七间，后改现代机瓦屋面。西路一进院北侧一殿一卷式垂花门一座，垂带踏跺三级，两侧有一级、二级古树各一棵。二进院有正房三间，前后出廊，过垄脊合瓦屋面，披水排山，前檐装修为后改，老檐出后檐。正房两侧耳房各二间，东耳房开有过道。东西厢房各三间，前出廊，过垄脊合瓦屋面，前檐装修为后改。三进院正房五间，前后出廊。东西厢房各三间，前出廊，四周环以游廊，建筑均为披水排山脊合瓦屋面，前檐装修均为后改。第四进院原有后罩房已翻建。三进院、四进院现已划归西四北六条16号。

东路花园区建筑改建较多，原格局和建筑面貌已失。南侧有砖质随墙门一间，院内南北向游廊，北房三间，前后出廊，过垄脊合瓦屋面，

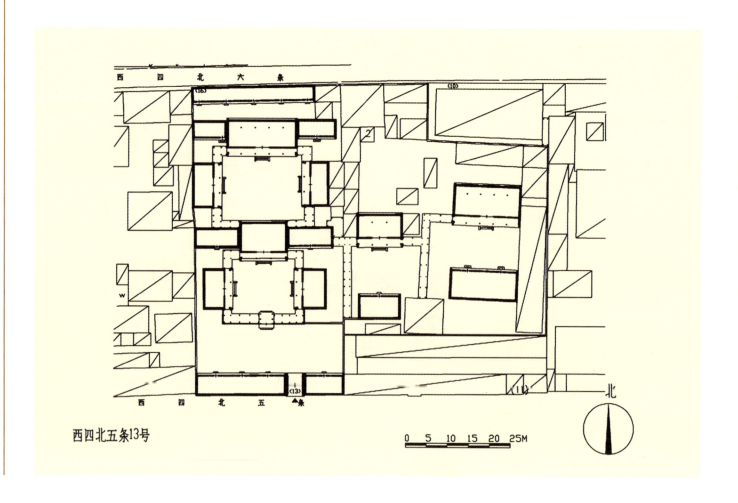

西四北五条13号

0 5 10 15 20 25M

披水排山。南房面阔三间，机瓦屋面。
南房东侧原有池塘，北侧保存歇山顶小
筒瓦敞轩六间，瓦面多已翻建。其北侧
又有带抱厦的北房五间，前出廊，过垄
脊合瓦屋面。院落后部堆土叠石渐次升
高，原有六角形小亭一座，现已拆除，
改建为民房。

圆形门簪

过道倒挂楣子花牙子

广亮大门

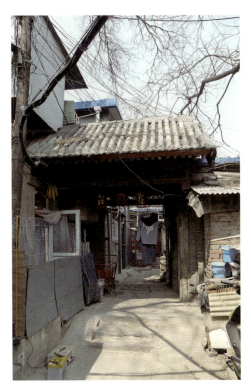

二门

二门花板及门簪

正房

二进院正房

位于西城区新街口街道，院里有民国时期和现代建筑。该院新中国成立后曾为黑龙江省委书记、中共第九次全国代表大会中央委员潘复生（1908-1980）的住所，现为居民院。

该院坐北朝南，三进院落。金柱大门一间，清水脊合瓦屋面，脊饰花盘子，梅花形门簪四枚，板门两扇，方形门墩一对，后檐柱间装饰步步锦倒挂楣子。大门东侧倒座房一间，西侧七间，清水脊合瓦屋面。一进院北侧有一殿一卷式垂花门一座，两侧连接抄手游廊。二进院内正房三间，前出廊，清水脊合瓦屋面。正房两侧带耳房各二间，清水脊合瓦屋面，东耳房东侧有过道半间。东西厢房各三间，前出廊，清水脊合瓦屋面（院内房屋于2010年原式翻建）。三进院内后罩房八间，翻建。正房西侧有西房九间，平顶，机瓦屋面，装修为后改。第三进院后罩房八间，平顶，铁皮瓦屋面，前檐装修为后改。

西四北五条27、29号

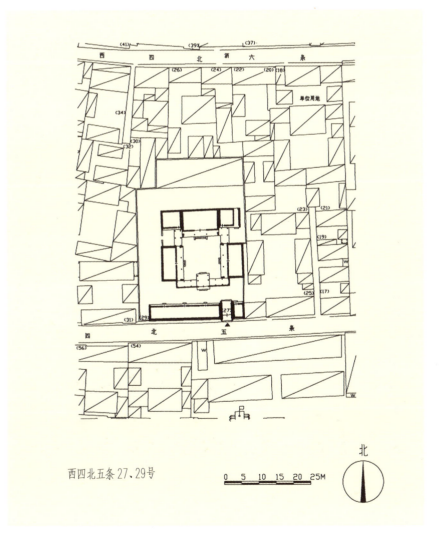

西四北五条27，29号

0 5 10 15 20 25M

北

金柱大门

花盘子

门簪

大门及倒座房

垂花门

垂花门花板

垂花门梁架

二进院正房

垂花门门墩

东厢房

西四北五条16号

位于西城区新街口街道，清代晚期建筑，现为居民院。

该院坐北朝南，二进院落。如意大门一间，位于院子西北角，清水脊合瓦屋面，脊饰花盘子，门楣花瓦做法，梅花形门簪两枚，板门两扇，方形门墩一对，后檐柱间装饰步步锦棂心倒挂楣子。一进院北房五间，前出廊，脊残，合瓦屋面部分翻建。二进院北房三间，清水脊合瓦屋面，脊饰花盘子，前后出廊，前檐装修为后改，老檐出后檐。正房两侧耳房各二间，过垄脊合瓦屋面。东西厢房各三间，前出廊，过垄脊合瓦屋面，前檐装修为后改。

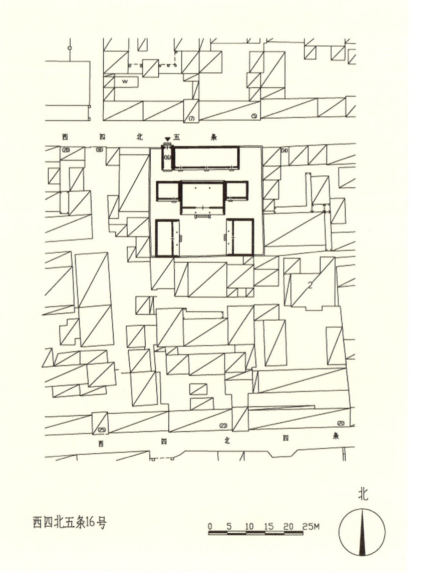

西四北五条16号

0 5 10 15 20 25M

北

如意门

大门门墩

门内步步锦倒挂楣子

耳房

大门及北房

一进院北房

二进院北房

西厢房

西四北六条7、9号

位于西城区新街口街道，清代晚期建筑，现为居民院。

该院坐北朝南，分东、中、西三路。东路三进院落，西四北六条7号院为东路第一进院，院落东南隅开广亮大门面阔一间，硬山顶，过垄脊合瓦屋面。梅花形门簪四枚，红漆板门两扇，圆形门墩一对。倒座房东侧一间，西侧七间，现已翻建，机瓦屋面，前檐装修已改。院内砖砌一字影壁一座，过垄脊筒瓦屋面，披水排山，抹灰影壁心。一进院正房面阔三间，带前后廊，硬山顶，过垄脊合瓦屋面，明间为夹门窗形式，次间为槛墙支摘窗。正房东西两侧各有耳房一间。正房及耳房前檐保存有民国年间彩色玻璃门窗装修，屋内保存有花砖地面。二进院、三进院由西四北六条9号院进入，二进院南侧原有垂花门一座，现已改建为房屋。正房面阔三

7号院大门

7号院大门门墩

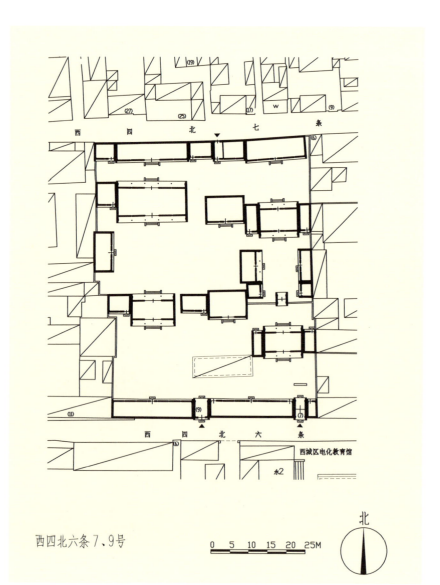

西四北六条7、9号

0 5 10 15 20 25M

北

9号院大门

间，前后出廊，硬山顶，过垄脊合瓦屋面，东西耳房各一间，硬山顶，过垄脊合瓦屋面。西厢房面阔三间，硬山顶，过垄脊合瓦屋面，东厢房现已翻建，厢房南侧各带厢耳房一间。第三进院有后罩房五间，硬山顶，过垄脊合瓦屋面，披水排山。

中路、西路由西四北六条9号院进入，大门面阔一间，如意门形式，硬山顶，过垄脊合瓦屋面。门楣须弥座承托门楣栏板，博缝头雕刻牡丹图案，后檐柱间带步步锦倒挂楣子。大门象眼处装饰有砖雕。大门西侧倒座房七间，现已翻建，机瓦屋面。西路一进院仅存正房三间，前后出廊，机瓦屋面，前檐已改为现代玻璃门窗装修，院落西侧残存部分游廊。二进院正房面阔五间，前后出廊，硬山顶，过垄脊合瓦屋面，戗檐装饰有砖雕。西厢房面阔三间，过垄脊合瓦屋面。三进院为后罩房，现已翻建。

中路第一进院北房面阔三间，后改机瓦屋面，西耳房面阔二间，过垄脊，合瓦屋面。二进院北房面阔三间，前后出廊，硬山顶，过垄脊合瓦屋面，披水排山。三进院北房三间，硬山顶，过垄脊合瓦屋面，西侧一间开后门门牌为西四北七条甲6号。

7号院大门外景

9号院大门象眼砖雕

9号院大门外景

9号院大门后檐倒挂楣子

9号院大门地面

东路后罩房

一字影壁

东路一进院正房西次间装修

北七条后门

东路一进院正房屋内明间地面

东路一进院正房

东路二进院北房

东路一进院正房明间

西路一进院正房前檐

一进院残存游廊

西路二进院正房饯檐

西路二进院正房

西路二进院西房

位于新街口街道，清代晚期至民国初期建筑。1984年由北京市人民政府公布为北京市文物保护单位，现为住宅。

该院坐北朝南，前后四进院落，带跨院，属于典型的大型四合院。

院落东南隅开广亮大门一间，硬山顶，清水脊合瓦屋面，前檐柱间装饰有雀替，后檐柱间装饰有倒挂楣子及花牙子。梅花形门簪四枚，红漆板门两扇，门钹一对，圆形门墩一对。大门象眼及廊心墙处装饰有砖雕，大门前原为垂带踏跺，后改为如意踏跺，门前两侧有一对上马石，门外有一字影壁一座。大门两侧倒座房共八间，东侧两间，西侧六间，前出廊，均为硬山顶，清水脊合瓦屋面，前檐保存有部分原始装修，槛

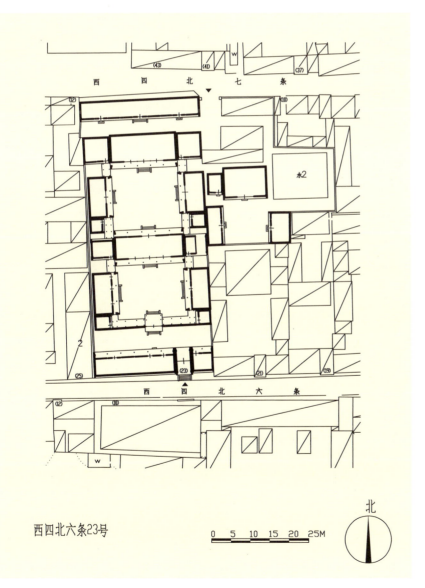

西四北六条23号

0 5 10 15 20 25M

北

大门

大门门墩

墙装饰有万字纹砖雕。一进院东西两侧原为游廊，后改建为房屋。一进院北侧有一殿一卷式垂花门一座，方形垂莲柱头，花板透雕蕃草，门下置滚礅石，前后各出垂带踏跺三级。垂花门两侧连接看面墙，内侧为游廊，墙上嵌什锦窗。第二进院正房面阔五间，为过厅，带前后廊，硬山顶，过垄脊合瓦屋面，明间前后檐及次间前檐槅扇门，裙板雕《西游记》等古典小说人物形象及花篮盆景图案，梢间为槛墙玻璃窗，屋内保存有原始槅扇装修。两侧接耳房各两间，其东耳房一间为过道，可通第三进院，廊心墙装饰有万字纹砖雕。东西厢房各三间，前出廊，南接厢耳房一间，均为硬山顶，过垄脊合瓦屋面，槛墙装饰有万字纹砖雕。院内四周环以抄手游廊。第

三进院正房面阔五间，出前廊后带廊，清水脊合瓦屋面，并开有什锦窗，前檐明间、次间为槅扇门，裙板上雕刻有松鼠葡萄盆景花篮图案，梢间为槛墙玻璃窗，后檐为老檐出后檐墙，明间有窗，次间开六角什锦窗。正房两侧接耳房各两间。东西厢房各三间，前出廊，硬山顶，清水脊合瓦屋面，明间开槅扇风门。厢房南侧接厢耳房一间，均为过垄脊合瓦屋面。院内四周环以抄手游廊。第四进院有后罩房面阔九间，清水脊合瓦屋面，前檐保存有部分原始装修。跨院位于第三进院东侧，院内正房三间，带前后廊，硬山顶，清水脊合瓦屋面，西接耳房一间。东西厢房各三间，过垄脊合瓦屋面。

大门象眼砖雕

上马石

西倒座房

大门廊心墙

东跨院一进院北房

二进院垂花门

二进院北房

二进院北房室内装修

倒座房

三进院北房

西四北六条31号

位于西城区新街口街道，清代晚期建筑，现为居民院。

该院坐北朝南，东西两路，前后三进院落。东路南端保存大车门一座，现已改为机瓦屋面，门内座山影壁一座，东路其余建筑均已翻建。西路一进院东侧开广亮门一间，硬山顶，过垄脊合瓦屋面，象眼砖雕龟背锦图案，柱间带雀替，梅花形门簪四枚，圆形门墩一对。二门前后出垂带踏跺四级，一进院有南房面阔三间，前带廊，硬山顶，过垄脊合瓦屋面，披水排山，明间前出垂带踏跺三级。东西两侧带耳房两间，过垄脊合瓦屋面。西厢房面阔二间，硬山顶，过垄脊灰梗屋面。北侧为一殿一卷式垂花门一座，两侧连接看面墙。二进院北侧有正房三间，前后出廊，硬山顶，过垄脊合瓦屋面，披水排山，前出连三踏跺四级。正房两

大门

二门

二门门簪

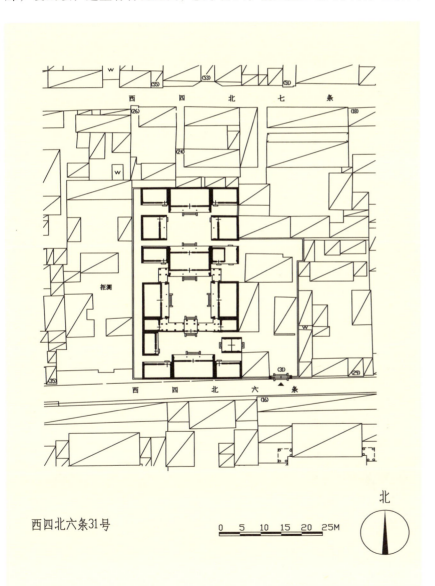

西四北六条31号

0　5　10　15　20　25M

北

侧带耳房各两间，过垄脊合瓦屋面，东耳房东一间为过道通往后院，檐柱间带步步锦倒挂楣子，象眼处装饰有砖雕。东西厢房各三间，均为硬山顶，过垄脊合瓦屋面，披水排山，南侧各带厢耳房一间，院内四周环以抄手游廊。第三进院有正房面阔三间，清水脊合瓦屋面，前出吞廊。正房东西两侧耳房各两间，东西厢房各两间，前出廊，均为硬山顶，过垄脊合瓦屋面。

一进院南房及耳房背立面

二门门墩

二门象眼砖雕

一进院南房

一进院西房

垂花门门墩

一进院垂花门

二进院正房

二进院东厢房

二进院正房东耳房过道

三进院西厢房

三进院正房

位于西城区新街口街道，清代晚期建筑，现为西四北六条社区办公使用。

该院坐北朝南，一进院落。院落东南隅开窄大门半间，红漆板门两扇。西侧带倒座房两间半，硬山顶，过垄脊合瓦屋面。门内座山影壁一座。院内正房面阔三间，带前廊，前出垂带踏跺四级，正房东西两侧耳房各一间。院内东西厢房各三间，均为硬山顶，过垄脊合瓦屋面，厢房南侧各建有厢耳房。院内建筑均已改为现代玻璃门窗装修。

西四北六条35号

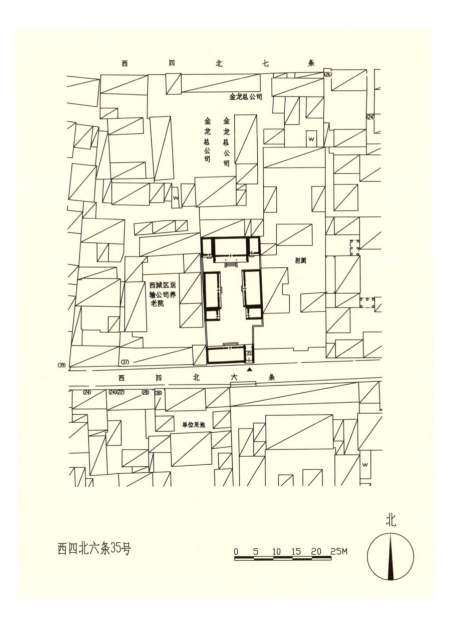

西四北六条35号

0 5 10 15 20 25M

北

大门

倒座房

东厢房

西厢房

正房

位于西城区新街口街道，清代晚期建筑，现为居民院。

该院坐北朝南，两进院落。院落东南隅开广亮大门一间，硬山顶，清水脊合瓦屋面，大门有梅花形门簪四枚，雕刻花卉图案，红漆板门两扇，圆形门墩一对，后檐柱间带步步锦倒挂楣子。大门东侧倒座房一间，西侧五间，均为硬山顶，过垄脊合瓦屋面。一进院正房面阔三间，前后出廊，硬山顶，过垄脊合瓦屋面，梁架残存箍头彩画。东耳房三间，西侧一间辟为过道，西耳房二间，均为硬山顶，过垄脊合瓦屋面。二进院正房面阔三间，硬山顶，过垄脊合瓦屋面，前后出廊，梁架残存箍头彩画，戗檐装饰有砖雕，前出连三垂带踏跺两级。正房东西耳房各两间，过垄脊合瓦屋面，部分翻建。东西厢房各三间，前出廊，过垄脊合瓦屋面，戗檐雕刻花卉图案。

西四北七条33、35号

大门

大门门簪

大门门墩

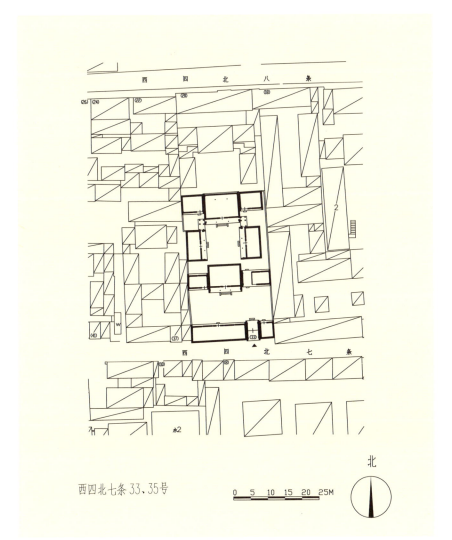

西四北七条33、35号

0 5 10 15 20 25M

北

大门外景

大门倒挂楣子

一进院正房后檐

一进院北房东耳房

一进院正房

二进院正房

二进院正房掏箍头彩绘

二进院正房饯檐砖雕

二进院西厢房

西四北七条37号

位于西城区新街口街道，民国时期建筑，现为居民院。

该院坐北朝南，二进院落。院落东南隅开蛮子门一间，硬山顶，清水脊合瓦屋面，梅花形门簪四枚，红漆板门两扇，门钹一对，门包页一副，后檐柱间装饰有菱形棂心倒挂楣子。大门东侧倒座房一间，西侧四间，均为硬山顶，过垄脊合瓦屋面。门内有座山影壁一座。一进院正房与东西厢房相连，形成"冂"形，正房面阔五间，明间辟为过道，硬山顶，过垄脊合瓦屋面，前带平顶廊，廊檐下装饰有木挂檐板、倒挂楣子。东西厢房各两间，前带平顶廊，廊檐下装饰有木挂檐板、倒挂楣子。二进院正房面阔三间，前出廊，后改机瓦屋面。正房东西两侧耳房各一间现均已翻建。西厢房面阔三间，硬山顶，过垄脊合瓦屋面。东厢房现已翻建。

大门

大门倒挂楣子

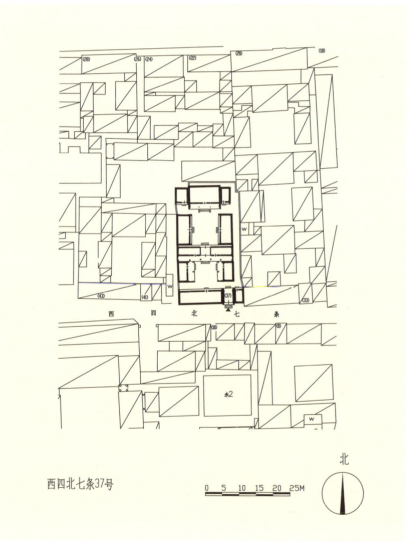

西四北七条37号

0 5 10 15 20 25M

北

大门内影壁

大门外景

倒座房

一进院正房背立面

一进院正房

一进院东房

一进院正房过道吊顶

二进院正房

二进院西厢房

二进院西房装修

位于西城区新街口街道，清代晚期建筑，现为居民院。

该院坐北朝南，前后四进院。第一进院、二进院属西四北六条39号（未进入）。第三进院、四进院由西四北七条32号进入，第三进院有正房面阔三间，硬山顶，清水脊合瓦屋面，前后出廊。正房东西两侧各带耳房两间，过垄脊合瓦屋面。东西厢房各三间，前出廊，清水脊合瓦屋面，南房面阔三间，硬山顶，清水脊合瓦屋面，前后出廊，东西两侧各带耳房一间。第四进院有后罩房六间，前出廊，硬山顶，清水脊合瓦屋面，西侧一间辟为门道。象眼砖雕盘长如意纹饰，后檐柱间带步步锦倒挂楣子。

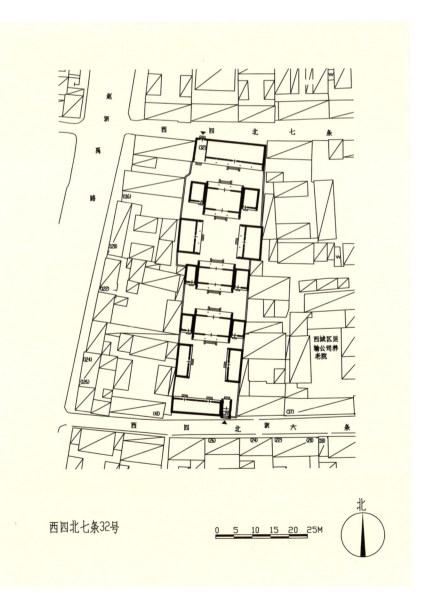

西四北七条32号

0　5　10　15　20　25M

北

大门

大门东侧倒座房

二进院正房北立面

三进院正房西耳房

三进院西厢房

后罩房

三进院正房

后罩房及后门

后门后檐柱间装饰

位于西城区新街口街道，清代晚期至民国初期建筑，现为居民院。

该院坐北朝南，三进院落。院落东南隅开门，原为西洋门一间，大门东侧门房半间，西侧倒座房四间。大门及倒座房现已改建，东侧半间辟为大门，新作红漆板门两扇，大门西侧倒座房五间，均为硬山顶，过垄脊水泥压制仿古合瓦屋面，墙体由蓝机砖砌筑。第一进院内原有建筑多已翻建改造，仅存北侧一殿一卷式垂花门一座，屋脊及屋面残毁，梁架绘苏式彩画及箍头彩画，梅花形门簪两枚，雕有荷花及菊花图案，新作红漆板门两扇，门后出踏跺二级。第二进院内正房面阔三间，前后带廊，硬山顶，清水脊合瓦屋面，脊残，前檐已改为现代玻璃门窗装修，明间前出踏跺三级。正房两侧耳房各一间，硬山顶，过垄脊合瓦屋面。东西厢房各三间，前带廊，均为硬山顶，清水脊合瓦屋面，脊残，前檐

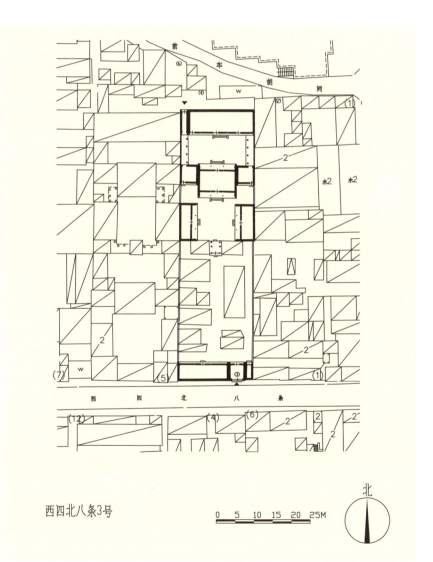

西四北八条3号

0 5 10 15 20 25M

北

大门

垂花门

西四北八条3号

已改为现代玻璃门窗装修。第三进院现已另辟门牌为前车胡同4号，院内有后罩房五间半，西侧半间辟为过道，前出廊，硬山顶，过垄脊合瓦屋面。梁架绘有箍头彩画，前檐已改为现代玻璃门窗装修。院内东西两侧建有平顶廊，檐下装饰有挂檐板，残存部分彩画。

垂花门门簪

垂花门梁架彩画

大门外景

二进院正房

三进院两侧游廊

游廊挂檐板彩画

后罩房

后罩房过道

后罩房局部装饰

西四北八条20号

位于西城区新街口街道，民国时期建筑。原为民国时期东三省官银号总办兼边业银行总裁彭贤在北京的寓所。彭贤为清乾隆朝大学士"恩余堂主人"彭元瑞的后人，与奉系军阀张作霖交谊匪浅，周恩来与彭贤等人曾在此商讨处理西安事变善后事宜。新中国成立以后，张学铭先生亦曾在此居住，现为居民院。

该院原为西四北七条33号院的第三进院、四进院，后于西四北八条一侧另辟门牌为20号。院落坐北朝南，二进院落。院落西北隅开如意门一间，西洋门楼形式，硬山顶，过垄脊合瓦屋面，上起女墙，墙上装饰有门额，檐口装饰有线脚，门上有梅花形门簪两枚，红漆板门两扇，门钹一对，门包页一副，圆形门墩一对，大门后檐装饰有冰裂纹棂心倒挂楣子及花牙子。第一进院大门东侧北房八间，前带廊，硬山顶，过垄脊

大门

大门倒挂楣子

大门内影壁

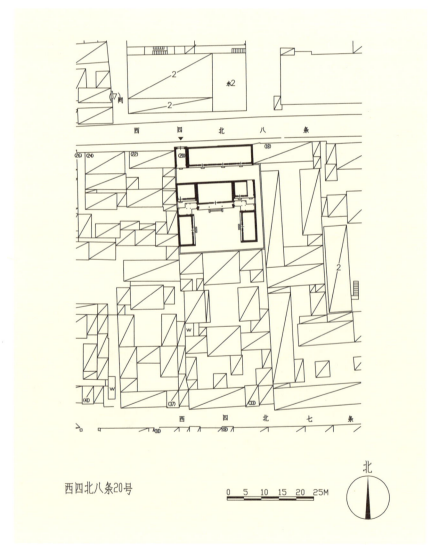

西四北八条20号

0 5 10 15 20 25M

北

合瓦屋面，西侧一间保存有冰裂纹装修，其余各间前檐已改为现代玻璃门窗装修。进东耳房过道为第二进院。院内有正房、东西厢房各三间，三面环廊，正房两侧带耳房各两间，均为硬山顶，过垄脊合瓦屋面，前檐已改为现代玻璃门窗装修，东耳房东侧一间为过道。

花砖地面

大门外景

一进院北房

二进院正房

一进院西侧月亮门

二进院西厢房

位于西城区新街口街道，清代至民国时期建筑，现为居民院。

该院坐北朝南，二进院落。原东南隅开大门一间，清水脊合瓦屋面，脊饰花盘子，现已封闭，在大门东侧开便门。大门西侧倒座房四间，过垄脊合瓦屋面，封后檐墙。一进院正房五间，鞍子脊合瓦屋面，老檐出后檐墙。东西各平顶厢房一间。二进院北房三间、前出廊，清水脊合瓦屋面，脊饰花盘子，装修为后改。正房东耳房一间，西耳房两间。东西厢房各两间，东厢房现已翻建，西厢房，过垄脊合瓦屋面，装修为后改。

原大门

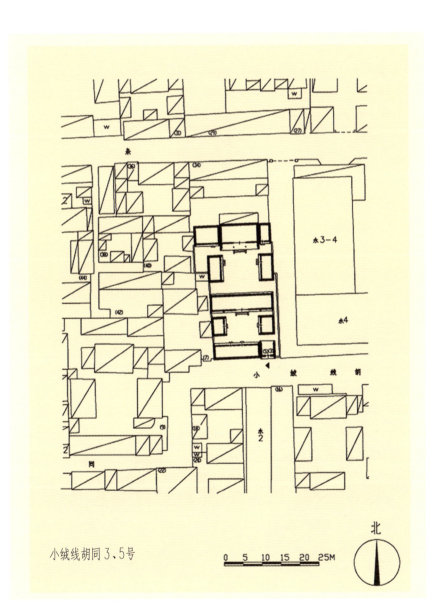

小绒线胡同3、5号

0 5 10 15 20 25M

北

大门

大门西侧倒座房

5号院正房

5号院西厢房

5号院正房西侧耳房

位于西城区新街口街道，清代至民国时期建筑，现为居民院。

该院坐北朝南，二进院落。该院落原东南隅开大门一间，清水脊合瓦屋面，脊饰花盘子，现已封闭，在院东墙南侧开便门，过垄脊筒瓦屋面，红色板门两扇，原大门东侧门房一间，西侧倒座房六间，鞍子脊合瓦屋面，门房后改机瓦屋面，封后檐墙。一进院正房三间，清水脊合瓦屋面，脊饰花盘子，饿檐博缝头处有砖雕，装修为后改。正房东西耳房各一间，鞍子脊合瓦屋面，装修为后改。东西厢房各三间，清水脊合瓦屋面，脊饰花盘子，装修为后改。二进院后罩房六间，现已翻建。

原大门

大门西侧倒座房

大门

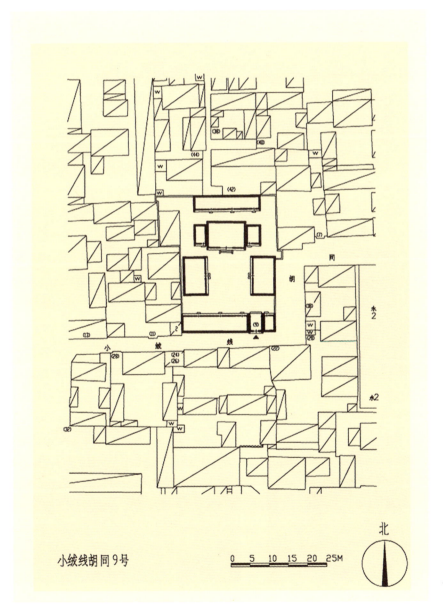
小绒线胡同9号　0 5 10 15 20 25M　北

小绒线胡同9号

正房

正房西侧戗檐砖雕

东厢房

正房西侧博缝头砖雕

位于西城区新街口街道，民国时期建筑，现为居民院。

该院坐南朝北，一进院落。院落西北隅开门，西洋门楼一间，红漆板门两扇，门包页一副，门墩一对。院内北房三间，清水脊合瓦屋面，脊饰花盘子，装修为后改。正房西侧耳房一间，清水脊合瓦屋面，脊饰花盘子。东西厢房各三间，合瓦屋面，装修为后改。厢房南侧各有耳房一间。

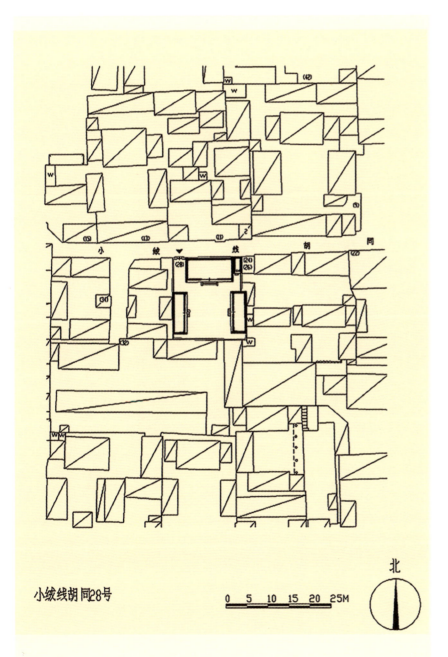

小绒线胡同28号

0 5 10 15 20 25M

北

小绒线胡同28号

大门

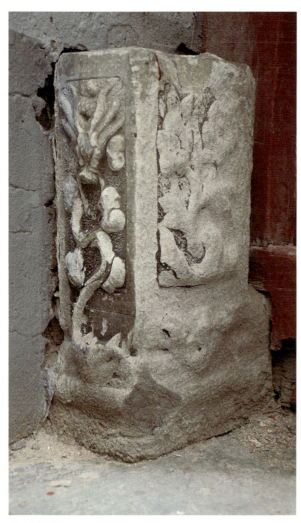

大门门墩

大门东侧北房背立面

北房正立面

东厢房

什刹海街道

位于西城区什刹海街道，民国时期建筑，现为居民院。

该院坐北朝南，三进院落。如意门（大金丝胡同7号）一间已封堵，清水脊合瓦屋面，戗檐砖雕狮子绣球，博缝头砖雕万事如意图案。大门两侧倒座房东侧一间，西侧四间，过垄脊合瓦屋面，梁枋绘箍头彩画。

门内有一字影壁一座。大门东侧后辟一随墙门（即现大金丝胡同7号大门）。一进院北侧有一殿一卷式垂花门一座，梁枋遍施苏式彩画，花罩雕刻缠枝花卉图案，门墩一对。

二进院有正房五间，清水脊合瓦屋面，平券门窗，近代形式的玻璃套装修部分保存。四周环以平顶游廊，廊檐下带木挂檐板、十字海棠倒

大金丝胡同5，7号

大金丝胡同5,7号

0　5　10　15　20　25M

北

7号随墙门

挂楣子。东西厢房各三间，前出廊，清水脊合瓦屋面。

该院东侧有一大车门（大金丝胡同5号大门）可通第三进院，院内东侧为新翻建顺山房六间，过垄脊合瓦屋面。三进院分为东院和西院。东院北侧有正房

三间，清水脊合瓦屋面，东西各带一耳房，西耳房辟半间为过道，有一如意门后门，过垄脊合瓦屋面。后檐柱间冰裂纹倒挂楣子。西厢房三间已翻建。西院北侧有正房三间，过垄脊合瓦屋面，前出踏跺二级。东厢房三间，已翻机瓦屋

面。西厢房已翻建。东西院前檐装修均为后改。

如意门门头砖雕

偏门

封堵的大门及东倒座房

东院正房

东院正房前檐装修

东院顺山房

西院正房

西院正房西过道

西院西厢房

二进院正房东侧平顶游廊

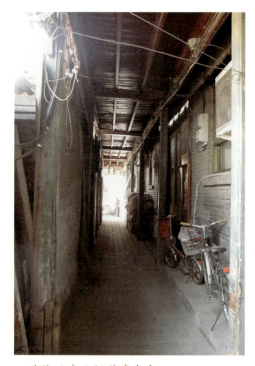

二进院正房北侧游廊东向

二进院正房后檐装修

后门

位于西城区什刹海街道，民国时期建筑，现为居民院。

该院坐北朝南，二进院落。蛮子门一间，清水脊合瓦屋面，门上有梅花形门簪两枚，红漆板门两扇，新做圆形门墩一对，上刻卷云纹饰。前出踏跺五级。西侧倒座房四间，过垄脊合瓦屋面。

一进院有正房五间，过垄脊合瓦屋面，明间为过厅，梁头绘博古彩画，六抹槅扇玻璃门装修，次间、梢间槛墙支摘窗装修部分保存，为盘长如意棂心，前出踏跺二级。明间后檐出平顶廊，檐口带花卉、瓦当纹女儿墙，檐下置木挂檐板、倒挂楣子，卧蚕步步锦棂心槅扇装修。

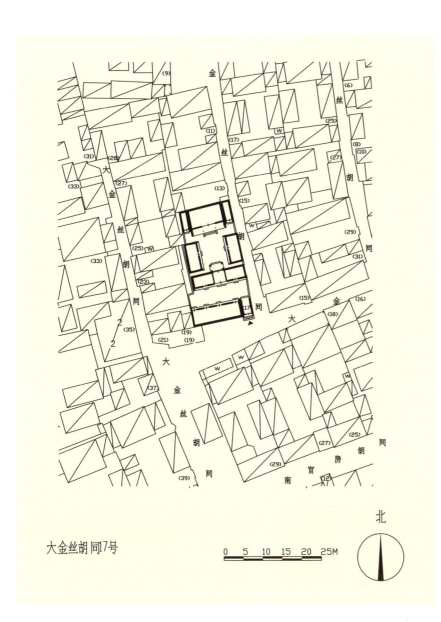

大金丝胡同7号

0 5 10 15 20 25M

北

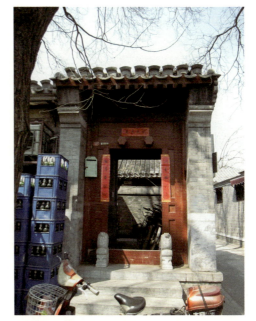

大门

大门门墩

大金丝胡同17号

二进院正房三间，清水脊合瓦屋面，清水脊有残。前出廊，盘长如意支摘窗、卧蚕步步锦横披装修部分保存。廊门筒子保留，抹灰假缝象眼。前出踏跺三级。两侧耳房各一间，东厢房三间已翻建机瓦屋面，西厢房三间已翻建机瓦屋面。

一进院正房

一进院正房明间装修

一进院正房明间梁架

一进院正房后檐平顶廊檐

一进院正房梁头博古彩画

二进院正房前檐装修

二进院西厢房

二进院正房

二进院正房廊门筒子

廊门灯笼框、穿插当、象眼

二进院正房东耳房

大翔凤胡同14号

位于西城区什刹海街道，清代晚期建筑，据传曾为恭亲王亲属的住宅，现为居民院。

该院坐北朝南，四进院落。广亮大门一间，过垄脊合瓦屋面，檐柱间带雀替，后檐梁枋存原绘苏式彩画。大门上有梅花形门簪四枚，红漆板门两扇，圆形门墩一对，上刻花卉纹饰。西侧倒座房四间，瓦面翻建，内侧带一字影壁一座。

一进院北侧有双卷勾连搭垂花门一座，梁枋绘苏式彩画，两侧接看面墙。门内侧连接二进院平顶游廊（仅东南角有保存）。门墩挪位于垂花门内。院内正房三间，过垄脊合瓦屋面，前后出廊，前檐装修为后改。两侧耳房各两间，东西厢房各三间，带后廊，前檐装修为后改，均为过垄脊合瓦屋面。

第三进院、四进院由西侧的大翔凤胡同6号进入。由一西向如意门进跨院过走廊，可达第三进院。院内正房三间，清水脊合瓦屋面，前后出廊，前檐装修为后改。东西厢房各三间，前出廊，清水脊合瓦屋面。现东西厢前均添建平房。

第四进院内正房、厢房均已改建。东北侧砖砌高台之上建有三间东房，双卷勾连搭形式，山面辟有什锦窗。前部原有平台可北眺后海风光，现已添建平顶房。

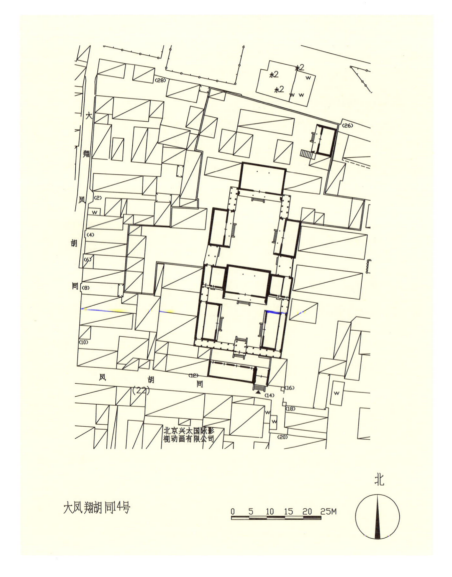

北京兴太国际影视动画有限公司

大凤翔胡同14号

0 5 10 15 20 25M

北

大门门墩

影壁

大门及倒座房

大门前檐雀替

垂花门门墩

垂花门两侧看面墙

垂花门

二进院正房

二进院东厢房

二进院转角游廊

二进院正房东耳房

三进院正房

三进院入口6号大门

三进院东厢房

三进院东厢房帘架荷叶栓斗

德胜门内大街272号

位于西城区什刹海街道，清代晚期建筑，建筑规整，房屋体量高大，推测当为旧时官宦之家的建筑遗存，现为北京市液化石油气工程设计所使用。

该院坐北朝南，现存一进院落。院落西北角开金柱大门一间，清水脊合瓦屋面，戗檐砖雕为宝相花纹饰，前檐彩绘雀替，廊心墙砖雕牡丹花卉，吊顶饰井字天花。大门上有梅花形门簪四枚，依次刻"吉""祥""如""意"纹饰，红漆板门双扇，新做圆形门墩一对，上刻喜鹊登梅纹饰。大门后檐带灯笼锦棂心倒挂楣子。南接倒座房一间，后檐影壁心刻荷花砖雕。

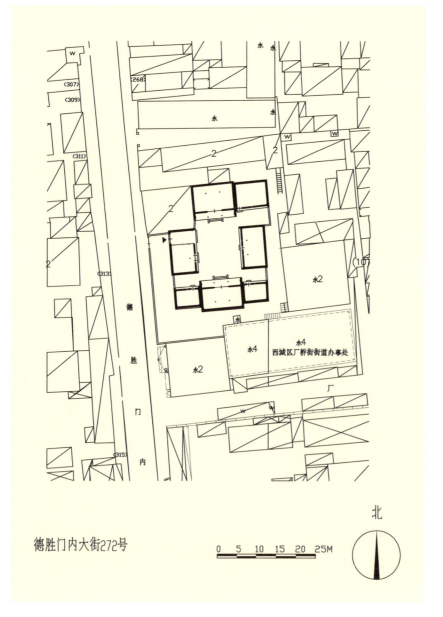

德胜门内大街272号

0 5 10 15 20 25M

北

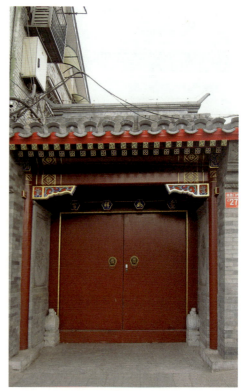

大门

院内正房三间，前后出廊，清水脊合瓦屋面，脊饰花盘子，戗檐砖雕牡丹花，梁架重绘沥粉贴金彩画，前檐装修保留，为福寿卡子花灯笼框棂心槅扇风门、支摘窗，前出垂带踏跺三级。东西厢房各三间，前出廊，清水脊合瓦屋面，脊饰花盘子，戗檐砖雕牡丹花，梁架重绘底沥粉贴金彩画。前檐装修保留，前檐福寿卡子花灯笼框槅扇、支摘窗。西厢房北侧一间辟为门道。南房面阔三间，前后出廊，两侧带耳房各二间，均为清水脊合瓦屋面，脊饰花盘子，戗檐砖雕牡丹花，梁架重绘沥粉贴金彩画。前檐装修保留，前檐福寿卡子花灯笼框槅扇、支摘窗，后檐开窗，前出垂带踏跺二级。

廊心墙

大门门墩

倒座房

天花吊顶

倒挂楣子

北房

北房饯檐砖雕

南房

通往东耳房的瓶形门

西耳房随墙门

南房东耳房

东耳房后檐

东厢房前檐装修

梁架彩画

西厢房

位于西城区什刹海街道，清代时期建筑，现为居民院。

该院坐北朝南，前后三进，东、中、西三路。东路一进院开随墙门一间，花瓦顶，圆形门墩一对，上刻卷云纹饰。院内正房三间，清水脊合瓦屋面，前后出廊，装修为后改，前出垂带踏跺三级。两侧耳房各一间。东厢房三间，过垄脊合瓦屋面。西厢房三间，双卷勾连搭形式，过垄脊合瓦屋面，装修均为后改。

东路二进院正房三间，过垄脊合瓦屋面，前后出廊，装修为后改，前出垂带踏跺三级。两侧耳房各一间。东西厢房各三间，过垄脊合瓦屋面。

东路三进院从厂桥胡同12号进入有北房五间，瓦面翻建。中路一进院小门楼内有倒座房五间，清水脊合瓦屋面，装修为后改。东侧有过道可通东路二进院。

中路二进院从厂桥胡同12号进入。院内有正房三间，清水脊合瓦屋面，戗檐砖雕麒麟卧松图案，前后出廊，装修为后改，前出垂带踏跺三级。两侧耳房各二间，过垄脊合瓦屋面。东西厢房各三间，前出廊，清水脊合瓦屋面。南侧有一殿一卷式垂花门一座，现已封堵，院内除西北角游廊可见，其余抄手游廊均已封入屋内。

中路三进院有北房七间，过垄脊合瓦屋面。

西路建筑大多翻建，只余第三进院北房五间，过垄脊合瓦屋面。

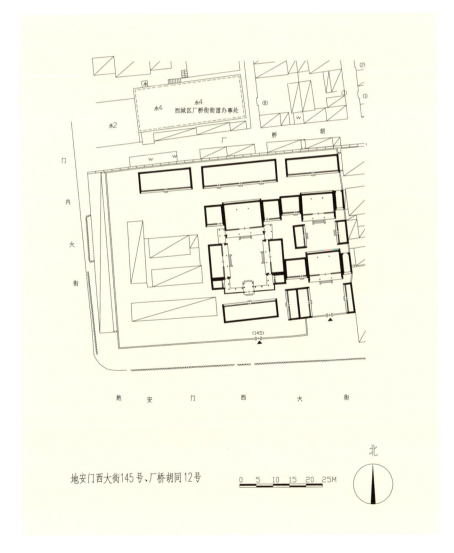

地安门西大街145号，厂桥胡同12号

东路大门

垂花门北面

东路大门门墩

东路一进院正房后檐

东路一进院正房

东路一进院东耳房半间过道

东路二进院正房

中路大门

东路一进院勾连搭西厢房

东路二进院西厢房

中路一进院倒座房

中路二进院正房

中路二进院西北游廊

中路二进院正房饯檐砖雕

中路二进院正房西耳房

中院二进院西厢房

中路三进院北房

地安门西大街153号

位于西城区什刹海街道，清代晚期建筑，民国时期是大总统徐世昌之弟徐世襄的宅邸，现为北京电化教育馆使用。2003年由北京市人民政府公布为北京市文物保护单位。

该院坐北朝南，三进院落，院落东南角开广亮大门一间，清水脊合瓦屋面，脊饰花盘子，戗檐砖雕前后檐均为喜鹊登梅纹饰。大门上有梅花形门簪四枚，红漆板门两扇，圆形门墩一对。门外带八字影壁，内侧为一字影壁。倒座房大门东侧一间、西侧七间，过垄脊合瓦屋面。

一进院北侧有一殿一卷式垂花门一座，梁架苏式彩画，前檐柱间棋盘门上有梅花形门簪四枚，圆形门墩一对，上刻万字绶带纹饰，前出垂带踏跺四级，两侧接看面墙。后檐柱间安屏门四扇，前出垂带踏跺三

大门

大门前檐戗檐砖雕

象眼

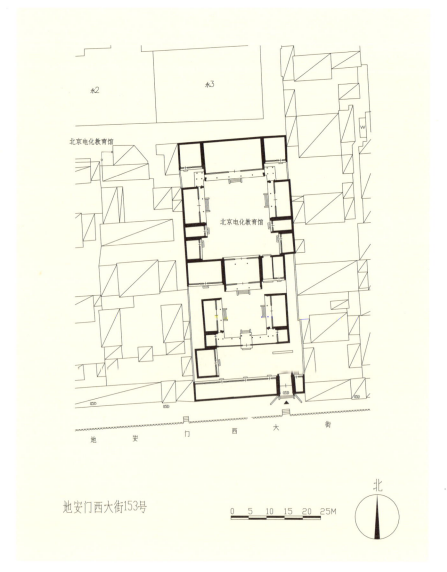

地安门西大街153号

0　5　10　15　20　25M

北

级。院内西侧有厢房三间，过垄脊合瓦屋面，梁架绘掐箍头彩画，前出如意踏跺三级。

二进院四周环以游廊，掐箍头彩画，梁头绘博古彩画。北侧有正房三间，清水脊合瓦屋面，脊饰花盘子，前后出廊，支摘窗槅扇装修，戗檐砖雕牡丹图案，前出垂带踏跺四级，后出如意踏跺三级。如意踏跺两侧立石狮一对。正房西耳房三间，东耳房二间，东耳房内侧一间为过道通往第三进院，过垄脊合瓦屋面，耳房后檐装修砖券门窗。东西厢房各三间，前出廊，南侧各带厢耳房一间，过垄脊合瓦屋面。院内种玉兰两棵。

三进院内正房五间，清水脊合瓦屋面，脊饰花盘子，前出廊，支摘窗槅扇装修，前出垂带如意踏跺五级。踏跺两侧立石狮一对。两侧耳房各两间。东西厢房各三间，清水脊合瓦屋面，脊饰花盘子，前出廊，南侧各带厢耳房三间半。西北、东北有游廊相连。院内种古树两棵。

大门门墩

大门门板

八字影壁

大门内侧

一字影壁

一进院内西倒座房及西厢房

垂花门及看墙面

垂花门门墩

垂花门山面

二进院正房象眼砖雕

二进院正房廊门筒子

二进院正房

二进院正房后檐

二进院东厢房

二进院东耳房梁架

二进院正房东耳房后檐装修

二进院东耳房室内装修

二进院抄手游廊

院内绿植

三进院正房

三进院正房前檐西戗檐砖雕

三进院东北游廊

三进院正房前檐装修

三进院正房后檐

三进院东厢房

三进院正房东耳房

三进院正房东耳房后檐

位于西城区什刹海街道，清代晚期建筑，曾为山西籍商人住宅，现为居民院。

该院坐北朝南，一进院落。如意门一间，清水脊合瓦屋面，有残。大门上有梅花形门簪两枚，红漆板门两扇，方形门墩一对，上刻吉祥图案，后檐柱间带菱形纹饰的倒挂楣子。倒座房东侧一间，西侧三间，过垄脊合瓦屋面。

院内正房三间，过垄脊合瓦屋面，前出廊，前出踏跺四级。两侧带耳房各一间。东西厢房各三间，过垄脊合瓦屋面，前出如意踏跺两级。东南侧保存一段平顶廊。

东口袋胡同8号

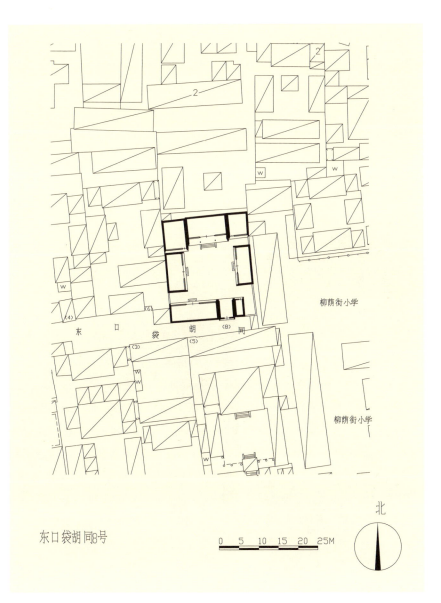

东口袋胡同8号

0 5 10 15 20 25M

北

大门

后檐倒挂楣子

大门门墩

正房

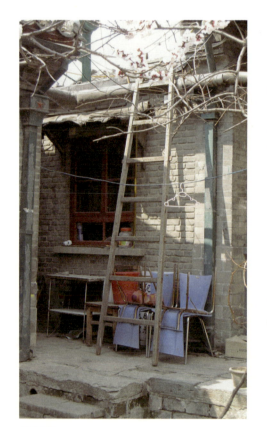

西耳房

东厢房

西倒座房后檐

院内绿植

位于西城区什刹海街道，清代至民国时期建筑，现为居民院。

该院坐北朝南，两进院落。院落东南隅开广亮大门一间，清水脊合瓦屋面，脊饰花盘子，大门前檐柱间带雀替，大门有梅花形门簪两枚，红漆板门两扇，方形门墩一对，后檐柱间装饰有步步锦棂心倒挂楣子、花牙子。大门东侧门房一间，清水脊合瓦屋面，脊饰花盘子。大门西侧倒座房三间，现已翻建。一进院正房面阔三间，前出廊，清水脊合瓦屋面，脊饰花盘子，装修为后改。正房两侧东西耳房各一间。院内东西厢房各三间，清水脊合瓦屋面，脊饰花盘子，装修为后改。二进院后罩房七间，现已翻建。

鼓楼西大街35号

大门

鼓楼西大街35号

0　5　10　15　20　25M

北

大门门墩

正房

大门后檐倒挂楣子

西厢房

位于西城区什刹海街道，民国时期建筑，据传留法医生杨文西曾在此居住，现为居民院。

该院坐北朝南，两进院落。院落东南隅开如意大门一间，机瓦屋面，大门有梅花形门簪两枚，雕刻有福寿图案，红漆板门两扇，雕刻有门联，方形门墩一对。大门东侧门房一间，西侧倒座房面阔三间现已翻建。一进院正房三间，前出廊，合瓦屋面，后部分机瓦屋面，装修为后改。正房东西耳房各一间，机瓦屋面。东耳房东侧另有平顶房二间，檐下有素面挂檐板，西侧半间开为过道。东西厢房各三间，前出廊，清水脊合瓦屋面，脊饰花盘子，装修为后改。二进院西房三间，前出廊，清水脊合瓦屋面，脊饰花盘子，装修为后改。西房南侧平顶耳房一间，北侧平顶耳房两间，装修均为后改。

大门

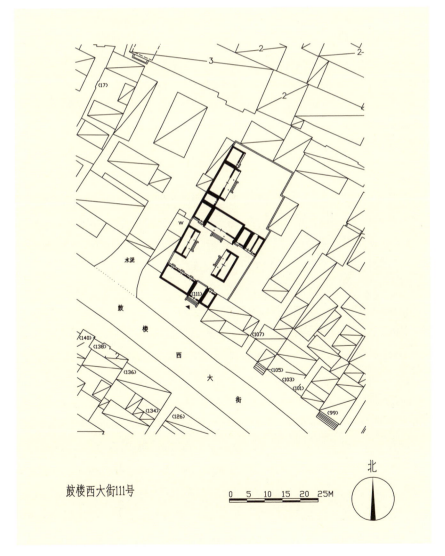

鼓楼西大街111号

0 5 10 15 20 25M

北

门板刻字

门簪

鼓楼西大街一一一号

大门门墩

一进院正房

一进院正房东耳房

一进院正房西耳房

二进院西房

位于西城区什刹海街道，民国时期建筑，现为居民院。

该院坐北朝南，东西两路三进院落。

西路院落为其主要建筑所在，现为鼓楼西大街179号：院落东南隅开大门一间，清水脊合瓦屋面，大门有梅花形门簪两枚，红漆板门两扇，前出踏跺二级。大门东侧门房一间，西侧倒座房三间，清水脊合瓦屋面，装修为后改。一进院北房面阔三间，前出廊，过垄脊合瓦屋面，披水排山，老檐出后檐墙，前后檐绘有箍头彩画，明间为工字卧蚕步步锦棂心槅扇风门，次间为十字方格棂心支摘窗，明次间上部均有工字卧蚕步步锦棂心横披窗，前出垂带踏跺三级。整栋建筑上部丝缝，下部干摆，戗檐处有砖雕。正房东西耳房各一间，过垄脊合瓦屋面，披水排

179号大门

179号一进院正房箍头彩绘

179号一进院正房明间装修

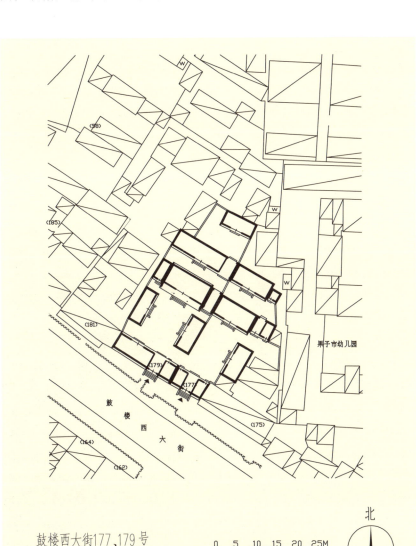

鼓楼西大街177，179号

0 5 10 15 20 25M

北

鼓楼西大街177、179号

山，东耳房为过道。东西厢房各三间，东厢房为清水脊合瓦屋面，脊饰花盘子，装修为后改。西厢房已翻建。二进院北房面阔五间，过垄脊合瓦屋面，披水排山，装修为后改，东侧半间开门道。三进院北房两间，现已翻建。

东路现为鼓楼西大街177号：一进院南房三间，清水脊合瓦屋面，脊饰花盘子，明间开门道，门头装饰有花瓦，红色板门两扇，梅花形门簪两枚，前出踏跺三级。一进院北房面阔三间，清水脊合瓦屋面，脊饰花盘子，老檐出后檐墙，装修为后改。正房东侧耳房两间，现已翻建，东侧一间为过道。东厢房面阔三间，清水脊合瓦屋面，脊饰花盘子，装修为后改。二进院北房面阔三间，清水脊合瓦屋面，脊饰花盘子，装修为后改。正房东侧耳房一间，现已翻建。

179号一进院正房后檐饿檐砖雕

179号一进院正房明间横披窗装修

179号一进院东厢房

179号一进院正房

179号二进院正房

177号一进院正房

177号大门

177号门头花瓦

177号二进院正房

鼓楼西大街92号

位于西城区什刹海街道，民国时期建筑，现为居民院。

该院坐北朝南，一进院落。院落西南开便门。院内正房面阔七间，前出平顶廊，过垄脊合瓦屋面，廊部采用西洋立柱，装修为后改。东西厢房各三间，前出平顶廊，鞍子脊合瓦屋面，平顶廊檐下如意头挂檐板，保存有部分步步锦横披窗，装修为后改。厢房南侧各有耳房一间。南房七间，现已翻建。

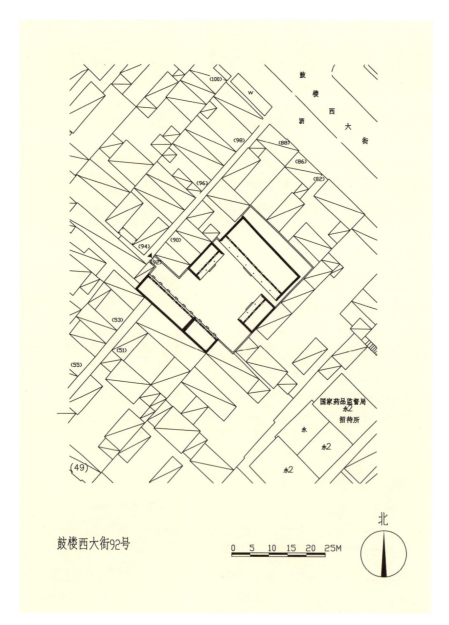

鼓楼西大街92号

0 5 10 15 20 25M

北

厢房横披窗装修

挂檐板

西洋柱头

正房

东厢房

西厢房

鼓楼西大街120号

位于西城区什刹海街道，清代至民国时期建筑，现为居民院。

该院坐南朝北，一进院落。院落西北隅开砖砌小门楼一座，大门现已翻修，正脊筒瓦屋面，门楣为连珠、万不断装饰，红漆板门两扇，门墩一对（已残）。院内北房面阔三间，清水脊合瓦屋面，脊饰花盘子，装修为后改。东西房各两间，过垄脊合瓦屋面，装修为后改。南房面阔三间，清水脊合瓦屋面，脊饰花盘子，装修为后改。

大门

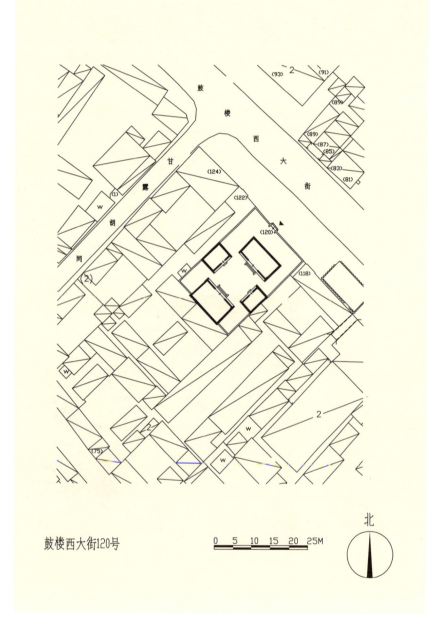

鼓楼西大街120号

0 5 10 15 20 25M

北

大门门墩

南房

东房

西房

北房

宋庆龄故居（后海北沿46号）

位于西城区什刹海街道，原为醇亲王府花园。故居坐北朝南，是一座既保留原王府花园布局和风格，又融入西方别墅特点的中西合璧式宅院建筑。故居始建于清代早期，曾为康熙年间武英殿大学士明珠的宅第。嘉庆四年（1799年）嘉庆帝将此院转赐其兄长永瑆，成亲王将其改造为王府的花园。光绪十四年（1888年），慈禧太后又将府邸赐给醇亲王奕譞，为醇亲王"北府"的花园。宣统帝登基后醇亲王载沣摄政，此处称摄政王府花园。新中国成立后，载沣将其卖与国家，其府邸中路、东路由卫生部机关使用，西路及花园则改设为北京国立高级工业职业学校。1961年将花园部分设计改建后作为宋庆龄寓所。1963年4月宋庆龄迁至此处，直至1981年5月逝世一直居住于此。1982年5月29日，在宋庆龄逝世一周年纪念日之际，故居作为博物馆正式对社会开放。1982年由国务院公布为全国重点文物保护单位。

宋庆龄（1893-1981），原籍广东文昌县（今属海南省），生于上海。1913年毕业于美国威斯理安女子学院，1915年在日本东京与孙中山先生结婚，协助孙中山从事革命事业。1949年参加中国人民政治协商会议，历任人大副委员长、全国政协副主席、中华人民共和国副主席等职，致力于妇女和儿童福利事业。1981年被授予中华人民共和国名誉主席，并成为中国共产党正式党员。同年5月29日在京病逝。

故居占地两万多平方米，建筑面积约2800平方米，院内西、南、北三面环绕小土山，沿山体内侧四面环水，南面水面较宽阔称为南湖，其余三面均为水渠。其建筑大致可以分为南部的游赏区和北部的生活居住区两大部分，以一组长廊相连接。

故居正门位于东南角，进入之后左转进入南部游赏区。游赏区以南山东南角山峰上的箑亭，西南角山峰上的听雨屋，山北侧的南楼以及南湖组成。箑亭因形似一把打开的折扇而得名，其前檐悬扇形匾额书正名"箑亭"，为醇亲王奕譞亲题。与其相对的听雨屋为"L"形的建筑，名"听雨屋"，它与箑亭隔南楼遥相呼应，各据一方，形成造景中的"风""雨"对景之势。雨亦为水，而且花园内的水源恰恰从听雨屋所在的西南方向

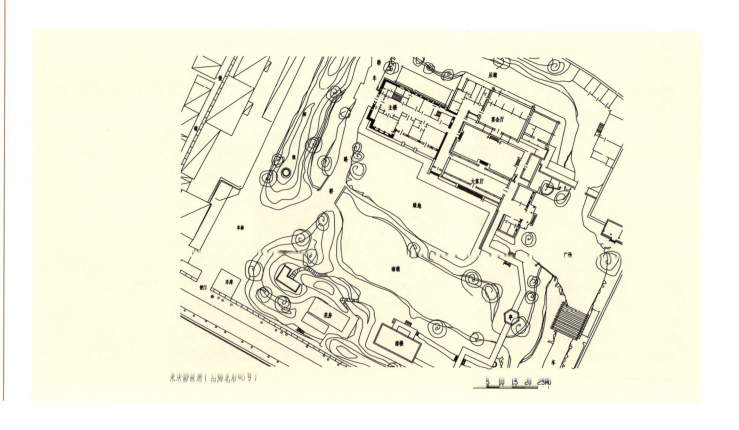

宋庆龄故居（后海北沿46号）

5 10 15 20 25M

引入，绕园一周从东南方向流出。两座建筑从名称上又形成风调雨顺、顺风顺水的美好寓意。此外，扇形亭子为半圆形，"L"形的听雨屋为半方形，这极有可能是追求"花未全开月未圆"的审美意趣，抑或是与醇亲王家族信奉的谦卑不自满的信条有关①。游赏区的主体建筑为南楼，楼面阔五间，进深八檩，前后廊，悬山顶，过垄脊筒瓦屋面，五花山墙，二层檐下悬载洵书"南楼"木匾，一层悬吴作人书"见远阁"木匾。南楼从建筑造型上并没有非常特殊之处，但是其建造设计却极富深意。北京明清时期的园林寓旨文人雅士相聚一堂吟诗作对有两个系统："曲水流觞"和"登高作赋"，南楼即是登高作赋的表达。南楼的北侧为南湖，水面不大，从南楼东山墙开始的花园长廊，绕湖面东侧蜿蜒至北部游赏区。长廊在临湖面

的中央部位建造了一座六角攒尖亭，是成亲王府时期永瑆为感谢嘉庆帝准其引玉河水进园之皇恩而修建的。沿"恩波亭"北侧游廊可达一片大草坪，草坪东南角立一旗杆，为宋庆龄迁来此处后升国旗的地方，草坪北侧为故居的居住生活区，也是主要建筑所在。该组建筑前厅是宋庆龄接待国内外客人的大客厅，檐下悬缪嘉玉书"濠梁乐趣"匾额，原址为王府花园时的"益寿堂"，后将原挂于戏台后面的"濠梁乐趣"匾移至此处。后厅曰"畅襟斋"，原为王府花园内的主要建筑（1938~1948年，载沣曾在此居住），是宋庆龄举行宴会，招待外国宾客、海外侨胞及国际友人的场所。该建筑面阔五间，双卷勾连搭形式，前檐悬"畅襟斋"匾额，翁同龢书。东厢房曰"观花室"，檐下悬缪嘉玉手书匾额。西厢房曰"听鹂轩"，原为三卷勾

连搭式建筑，在改建宋庆龄寓所时将西侧两卷去除，并移"听鹂轩"匾额至畅襟斋东耳房上，保留一卷与主楼巧妙结合，浑然一体。主楼原址为一座庭院，后改建为中西合璧式的二层小楼，重檐歇山顶，筒瓦屋面，灰砖清水墙面，楼内西式装修，仍保持着宋庆龄生前工作、居住时的原貌。

出主楼西门南行，在故居西山上有五柱圆亭一座，名"瑰宝亭"，是1992年为纪念宋庆龄100周年诞辰而兴建的，因周总理曾多次赞誉宋庆龄为"国之瑰宝"而得名，檐下悬赵朴初题"瑰宝亭"横匾。

整座故居融合中西建筑风格为一体，造型典雅别致，院内遍植古树名木60余种，环境清幽。

故居主楼

① 溥杰：《醇亲王府的生活》，"两代醇亲王的思想面貌"："第一代醇亲王奕譞……平生为人处世所治理的地方，就是态度谦抑、遇事退让和处处谨慎小心。……满招损，谦受益"，载于《文史资料精选·第一册》，中国文史出版社，1990年7月版，第79—80页。

益寿堂与主楼

由亭俯视全园

箕亭

听雨屋

南楼

长廊

畅襟斋

后马厂胡同13号

位于西城区什刹海街道，清代建筑，现为居民院。

该院坐北朝南，三进院落。院落东南隅开如意大门一间，清水脊合瓦屋面，脊饰花盘子，大门戗檐、墀头、博缝头、门头栏板处有精美雕花，门楣处装饰连珠及雕花，象鼻亦有雕花，门上梅花形门簪两枚，红漆板门两扇，壶瓶形门包页一副，圆形门墩一对。大门后檐装饰有倒挂楣子及花牙子。大门东侧有门房一间，过垄脊合瓦屋面。西侧倒座房三间，过垄脊合瓦屋面，老檐出后檐墙。其西另有耳房三间，过垄脊合瓦屋面，封后檐墙。迎门有一座一字影壁，过垄脊筒瓦，上部装饰有连珠，海棠池硬心做法。一进院东西两侧原有屏门，现门板已拆除。一进院北

侧有一殿一卷式垂花门，清水脊筒瓦屋面，脊饰花盘子，梁架上绘有彩画，装饰有花板、花罩、方形垂莲柱头，门上梅花形门簪两枚，雕刻有"如""意"字样，圆形门墩一对。两侧看面墙顶部有栏板造型装饰。二进院正房面阔三间，前出廊，清水脊合瓦屋面，脊饰花盘子，老檐出后檐墙，前檐绘有箍头彩画，装修为后改。正房东西耳房各两间，鞍子脊合瓦屋面，装修为后改。东西厢房各三间，前出廊，过垄脊合瓦屋面，前出踏跺三级。西厢房次间保存有支摘窗及护窗板，前檐绘有箍头彩画。三进院后罩房七间现已翻建。

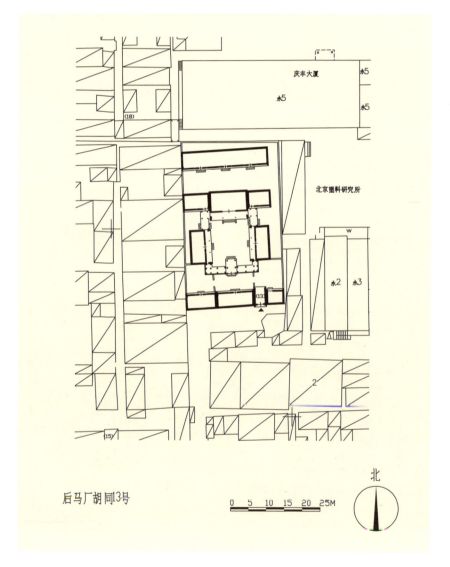

后马厂胡同3号

0 5 10 15 20 25M

北

大门

大门门楣砖雕装饰

大门门前古树

大门东侧墀头砖雕

大门门墩

门头栏板砖雕装饰

门头栏板砖雕装饰

大门东侧戗檐砖雕

门楣砖雕装饰

大门后檐倒挂楣子与花牙子

大门后檐西侧戗檐砖雕

大门后檐西侧博缝头砖雕

影壁装饰

一字影壁

屏门

一殿一卷式垂花门

垂花门门簪

垂花门两侧看面墙上栏板雕花装饰

垂花门内枋彩绘

垂花门内梁架彩绘

垂花门梁架

垂花门内檩上彩绘

方形垂莲柱头

垂花门门墩

盖窗板挂钩

二进院正房

二进院西厢房

盖窗板

位于西城区什刹海街道，民国时期建筑，现为单位宿舍。

该院坐北朝南，东西两路四进院落，院落南侧中间开金柱大门一间，清水脊合瓦屋面，脊饰花盘子，门上原有梅花形门簪四枚，现已遗失，红漆板门两扇，大门前后用条石铺装甬道。大门东侧倒座房四间，西侧倒座房七间，清水脊合瓦屋面，脊饰花盘子，封后檐墙。迎门有一座山影壁，软心做法。西路一进院东房三间，机瓦屋面、平券门窗，西房四间，现已翻建。西路二进院一殿一卷式垂花门，清水脊筒瓦屋面，脊饰花盘子，装饰有花板，门上有门灯及梅花形门簪四枚，门簪现已遗失，圆形门墩一对。二进院内正房三间，鞍子脊合瓦屋面，老檐出后檐墙，明间为槅扇风门。正房东西耳房各两间，现已翻建起二层楼。东西厢房各三间，鞍子脊合瓦屋面，装修为后改。厢房南侧各有厢耳房两间，院内有抄手游廊连接

后马厂胡同15号

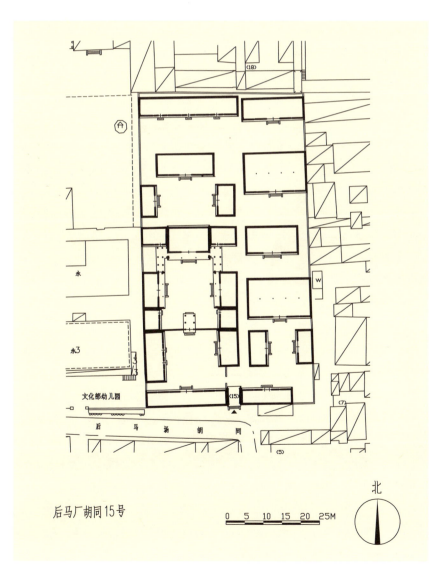

后马厂胡同15号

0　5　10　15　20　25M

北

大门

各房。三进院正房五间，鞍子脊合瓦屋面，披水排山。东厢房三间，鞍子脊合瓦屋面，南侧部分翻建，西厢房三间，现已翻建。四进院后罩房七间，现已翻建。东路一进院正房四间，两卷勾连搭，两坡顶机瓦屋面。院内东西厢房各三间，两坡顶机瓦屋面。二进院正房三间，过垄脊合瓦屋面。三进院正房四间，两卷勾连搭，两坡顶机瓦屋面。四进院后罩房四间，两坡顶机瓦屋面。

大门西侧倒座房

东路一进院勾连搭房侧立面

东路一进院勾连搭房正立面

东路一进院东厢房

东路二进院正房正立面

东路二进院正房背立面

东路三进院勾连搭房侧立面

东路三进院勾连搭房正立面

东路四进院后罩房

西路一进院东房

垂花门内梁架

垂花门花板局部

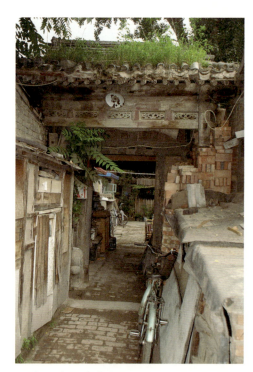

西路二进院垂花门

西路二进院垂花门背立面

垂花门门墩

西路二进院东厢房

西路二进院正房

西路三进院西厢房

西路四进院后罩房

后马厂胡同33号

位于西城区什刹海街道，民国时期建筑，现为居民院。

该院坐北朝南，一进院落。院落南房明间开砖砌西洋门楼一座，上起女墙，墙上装饰有砖砌门额，檐口装饰有线脚。拱券门，红漆包铁板门两扇，上有门钹一对，前出踏跺四级。院内正房五间，东西厢房各三间，大门两侧各有平顶南房两间。该院建筑均为平顶房，采用夹门窗装修。

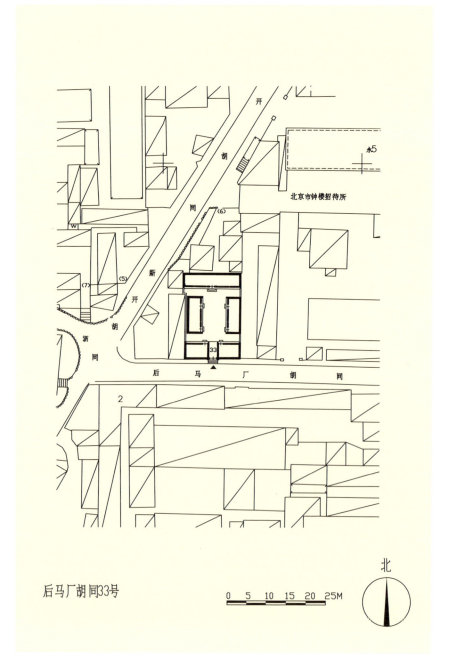

后马厂胡同33号

0 5 10 15 20 25M

北

大门

门钹

大门西侧倒座房

东厢房

正房

后马厂胡同28号

位于西城区什刹海街道，清代至现代建筑，现为单位宿舍。

该院坐北朝南。后于院落北侧中部开大门一间，歇山顶过垄脊筒瓦屋面，水泥立柱。沿大门通道向南，将院落分为东西两部分。

东侧第三路：此路南侧中间原有大门一间，清水脊合瓦屋面，脊饰花盘子，戗檐处砖雕，现已封闭。大门两侧东西倒座房各四间，清水脊合瓦屋面，脊饰花盘子，封后檐墙，装修为后改。一进院正房面阔五间，过垄脊合瓦屋面，披水排山，老檐出后檐墙，戗檐处有砖雕，装修为后改。正房东侧有东房三间，鞍子脊合瓦屋面，装修为后改。二进院正房面阔五间，前出廊，过垄脊合瓦屋面，铃铛排山，老檐出后檐墙，戗檐处有砖雕，装修为后改。正房两侧东西耳房各两间，过垄脊合瓦屋面，披水排山，装修为后改。东西厢房各三间，鞍子脊合瓦屋面，铃铛排山，装修为后改。三进院正房面阔五间，清水脊合瓦屋面，脊饰花盘子，老檐出后檐墙，装修为后改。东西耳房各两间，清水脊合瓦屋面，脊饰花盘子，老檐出后檐墙，装修为后改。四进院后罩房面阔九间，清水脊合瓦屋面，脊饰花盘子，装修为后改。

东侧第二路：南侧东部有南房八间，一进院正房三间，灰梗屋面，

大门

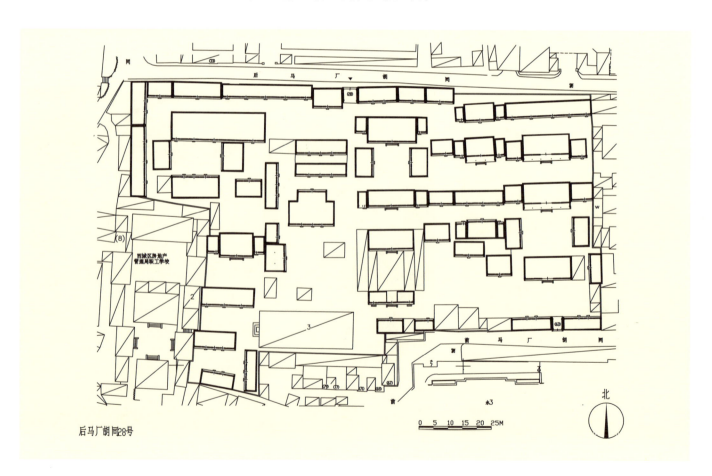

后马厂胡同28号

装修为后改。正房东西耳房各一间。正房前有北房两栋，东侧北房三间，前出廊，过垄脊合瓦屋面，装修为后改。西侧北房三间，过垄脊合瓦屋面，披水排山，戗檐处有雕花，装修为后改。正房西侧有北房三间，灰梗屋面，装修为后改。二进院正房六间，机瓦屋面，封后檐墙，平券门窗。其西另有北房三间，合瓦屋面，明间为夹门窗，次间为支摘窗。三进院正房三间，前出廊，过垄脊合瓦屋面，戗檐处有雕花，装修为后改。西侧有北房两间，过垄脊合瓦屋面，装修为后改。四进院正房三间，清水脊合瓦屋面，脊饰花盘子。东西耳房各一间。正房西北侧有北房三间，过垄脊合瓦屋面，铃铛排山。

东侧第一路：原有大门一间，机瓦屋面，现已封闭。大门东倒座房两间，西倒座房三间，清水脊合瓦屋面，脊饰花盘子，装修为后改。一进院过厅面阔五间，过垄脊合瓦屋面，披水排山，明间开门道通往戏台。戏台面阔三间，进深七檩，悬山顶。戏楼北侧有北房五间，过垄脊合瓦屋面，铃铛排山。二进院正房面阔五间，前出廊，过垄脊合瓦屋面，铃铛排山，老檐出后檐墙。正房东西耳房各一间，前出廊、过垄脊合瓦屋面。三进院正房面阔五间，进深五檩，前后出廊，东西耳房各一间，现已被烧毁，仅存西耳房一间，鞍子脊合瓦屋面，装修为后改。四进院后罩房七间，过垄脊合瓦屋面，封后檐墙。

西侧第一路：南侧为一栋三层建筑，其北侧有北房三间，两卷勾连搭合瓦屋面。院落中部有正房五间，前后出廊，过垄脊合瓦屋面，戗檐处有五蝠捧寿砖雕，明间及次间后出抱厦三间，悬山顶过垄脊筒瓦屋面，铃铛排山。正房西南侧有西房两间，鞍子脊合瓦屋面。正房西北侧有转角房五间，鞍子脊合瓦屋面。正房北侧有北房五间，鞍子脊合瓦屋面。此路最后一进有南房五间，鞍子脊合瓦屋面。北房三间，过垄脊合瓦屋面，披水排山。

西侧第二路：一进院北房五间，过垄脊合瓦屋面，装修为后改。南房四间，过垄脊合瓦屋面，装修为后改。东

前马厂63号大门

前马厂63号大门戗檐砖雕

前马厂63号倒座房

房五间，过垄脊合瓦屋面。二进院北房六间，过垄脊合瓦屋面，封后檐墙。三进院正房三间，前后出廊，鞍子脊合瓦屋面。正房东西耳房各一间。四进院北房三间，过垄脊合瓦屋面。北房西侧有耳房一间。四进院有北房十一间，合瓦屋面，老檐出后檐墙，明间为过厅，装修为后改。南房五间，过垄脊合瓦屋面，装修为后改。东西房各三间，过垄脊合瓦屋面，装修为后改。西路有后罩房十六间，过垄脊合瓦屋面，西数第七间北侧开门一间，清水脊合瓦屋面，脊饰花盘子，门前门墩一对，前出踏跺四级，后檐墙封堵。西路西北角，有平顶转角房七间，北侧三间为二层小楼，背立面开有拱券窗。转角房南侧有西房七间，过垄脊筒瓦屋面，南数第二间开为门道。

大门东侧倒座房

大门西侧倒座房

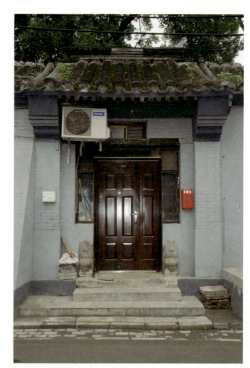

西路后门

院内西北角二层楼背立面

西路后门门墩

东一路9号正房

东一路西厢房

西一路仿苏联式三层楼

西一路34号房后出抱厦正立面

东路18号房

东路30号房戗檐砖雕

东路19号房

东路19号房东侧戗檐砖雕

东路30号房

24号房

26号房侧立面

27号房侧立面

西路北房

戏楼侧立面

戏楼内柱头装饰

戏楼内梁架

戏楼内梁架

位于西城区什刹海街道，民国时期建筑。梅兰芳旧居作为梅兰芳纪念馆使用，对社会开放，2013年由国务院公布为全国重点文物保护单位。

旧居原为庆王府马厩旧址，民国时期禁烟总局曾设在此。新中国成立后，国务院将其改建成招待所，1951年拨给梅兰芳居住。梅兰芳逝世后，于1983年经中宣部和国家计委批复将此地辟为纪念馆。

梅兰芳（1894-1961），名澜，字畹华，汉族，原籍江苏泰州，我国著名京剧表演艺术家，与尚小云、程砚秋、荀慧生并称"四大名旦"，且为"四大名旦"之首。梅兰芳出身梨园世家，在长期舞台实践过程中对京剧旦角有

梅兰芳旧居（护国寺街9号）

大门及倒座房

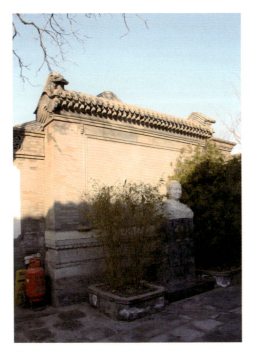
影壁

二门内木影壁

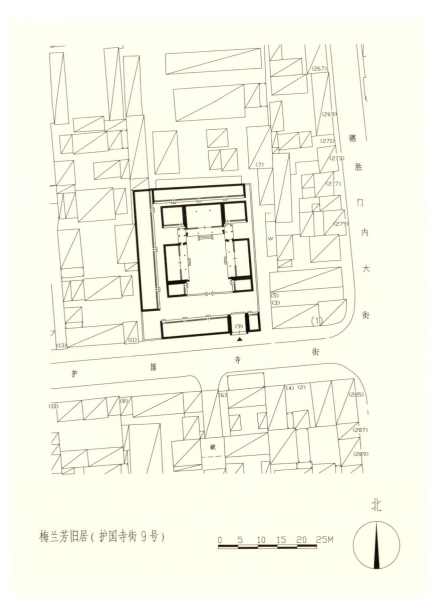
梅兰芳旧居（护国寺街9号）

0　5　10　15　20　25M

北

所创造发展，形成自身的艺术派别，称为"梅派"，代表剧目有《游园惊梦》《四郎探母》《打渔杀家》《穆桂英挂帅》等。

该院坐北朝南，前后三进院落，带西跨院。院落东南角开蛮子大门一间，硬山顶，过垄脊合瓦屋面，檐下双层方椽，绘箍头彩画。大门上有梅花形门簪四枚，朱漆板门两扇，圆形门墩一对。另在前檐下悬邓小平亲题"梅兰芳纪念馆"匾额一方，黑底金字。大门东侧接门房一间，西侧接倒座房四间，硬山顶，过垄脊合瓦屋面，抽屉檐封后檐墙。大门内一字影壁一座，硬山顶，过垄脊筒瓦屋面，方砖硬影壁心，影壁前

安放汉白玉质梅兰芳先生半身雕像。一进院北侧设二门，硬山顶，过垄脊筒瓦屋面，前后如意踏跺二级。二门两侧接看面墙，正反三叶草花瓦顶。院内西侧另有一门可通西跨院。二进院迎门木影壁一座，院内正房三间，前出廊，硬山顶，过垄脊合瓦屋面，檐下双层方椽，绘箍头及柁头彩画。明间槅扇风门装修，次间槛墙支摘窗装修，前廊两侧设有吉门，明间前出垂带踏跺四级。正房两侧各带耳房两间，硬山顶，过垄脊合瓦屋面。东西厢房各三间，前出廊，硬山顶，过垄脊合瓦屋面，檐下双层方椽，绘箍头及柁头彩画。明间、次间装

修同正房，前廊两侧设有吉门，明间前出如意踏跺二级。厢房南侧各接厢耳房一间，平顶。院内正房与厢房间由平顶游廊相互衔接，梅花方柱，素面挂檐板，柱间装修"盘长如意"倒挂楣子及"灯笼框"坐凳楣子。三进院后罩房七间，硬山顶，过垄脊合瓦屋面，檐下双层方椽，各间做夹门窗装修。西跨院建西房两栋，南侧一栋面阔五间，北侧一栋面阔二间，屋面连为一体，硬山顶，过垄脊合瓦屋面，檐下单层方椽，绘箍头及柁头彩画，夹门窗装修。

平廊

院落东立面

二门

正房

东厢房

西厢房

护国寺街52号

该院位于西城区什刹海街道，清代晚期建筑，曾为溥杰故居，现为政协经济文化交流中心。

该院坐南朝北，一进院落。蛮子门一间，过垄脊合瓦屋面，梁架掐箍头彩画，门上有梅花形门簪两枚，红漆板门两扇，新做圆形门墩一对，上刻麒麟卧松纹饰。前出垂带踏跺四级。大门内东侧有屏门。屏门长寿字花瓦顶。

院内北房五间，前出卷棚抱厦，过垄脊合瓦屋面，西侧辟一间为门道。前檐古建装修套方框门窗，前出踏跺三级。南房（正房）五间，前出廊，前檐古建装修套方框门窗，前出踏跺二级。东西厢房各三间，过垄脊合瓦屋面，前檐古建装修套方框门窗。院内花果树均为溥杰亲手种植。

溥杰故居介绍

大门

大门门墩

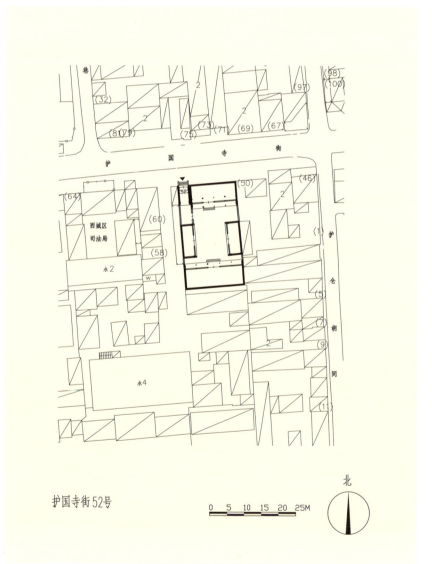

护国寺街52号

门扇

屏门

北房

北房前出抱厦

东厢房

南房

景尔胡同5号

位于西城区什刹海街道，清代至民国时期建筑，现为居民院。

该院坐北朝南，两进院落。该院落东南隅开如意大门一间，机瓦屋面，门楣花瓦装饰，红漆板门两扇，门上梅花形门簪两枚，板门两扇，方形门墩一对，前出踏跺四级，后檐装饰有工字步步锦棂心倒挂楣子。大门东侧门房一间，西侧倒座房四间均为机瓦屋面，抽屉封后檐墙。该院原有二门现已拆除。二进院正房三间，前出廊，鞍子脊合瓦屋面，装修为后改。正房两侧东西耳房各一间，现已翻建。东西厢房各三间，清水脊合瓦屋面，脊饰花盘子，装修为后改。厢房南侧各带耳房一间。

大门

门头花瓦

大门后檐倒挂楣子

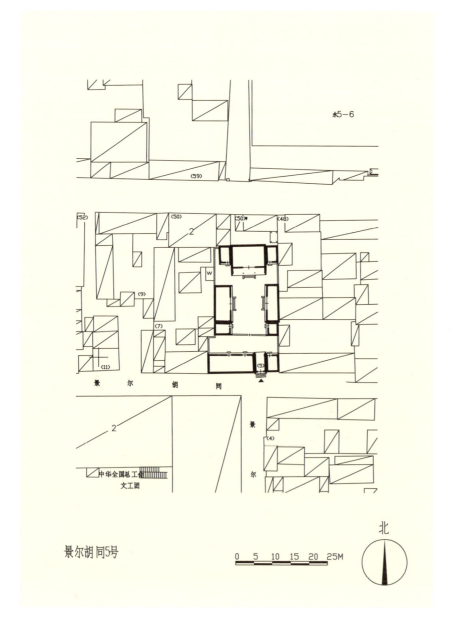

景尔胡同5号

0 5 10 15 20 25M

北

大门门墩

大门东侧门房

大门西侧倒座房

正房

东厢房

位于西城区什刹海街道，清代至民国时期建筑，现为办公用房。

该院落坐西朝东，两进院落。院落东侧中部原有大门一间，现改为随墙门，过垄脊筒瓦屋面，红漆板门两扇，前出垂带踏跺五级。大门两侧原各有东房两间，现已改建。二进院东侧有二门一座，过垄脊筒瓦屋面，披水排山，檐柱为方柱，柱间装饰有花牙子，门墩一对。二进院上房面阔三间，前出廊，过垄脊合瓦屋面，明间为槅扇风门，套方灯笼锦棂心，其余装修为后改。南北厢房各三间，过垄脊合瓦屋面，披水排山，装修为后改。

旧鼓楼大街145号

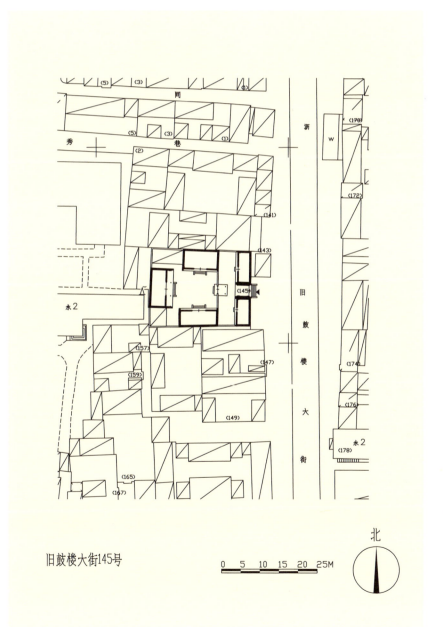

旧鼓楼大街145号

0　5　10　15　20　25M

北

大门

二进院南房

二进院北房

二进院西房明间装修

二进院过门

二进院西房

位于西城区什刹海街道，清代晚期建筑，据传曾为溥家亲戚的祠堂，现为居民院。

该院坐北朝南，前后三进院。金柱大门一间，过垄脊合瓦屋面，戗檐砖雕狮子绣球图案，梁架掐箍头彩画，苏式彩画荷花包袱画，走马板绘山水画。门上有梅花形门簪四枚，依次刻金边"平""平""安""安"纹样，新做圆形门墩一对，上刻荷叶纹饰，后檐柱间置步步锦倒挂楣子。倒座房东侧三间，西侧四间，过垄脊合瓦屋面。门内置一字影壁一座。

一进院有正房七间，机瓦屋面，前出廊，明间为过厅，前出垂带踏跺三级，后接四檩卷棚顶抱厦一间，内檐装饰一斗二升交麻叶斗拱。安装屏门。

二进院有正房五间，前后出廊，过垄脊筒瓦屋面，装修后改。西侧带耳房一间，当心三间后接平顶抱厦。东西厢房各三间，前出廊，过垄脊筒瓦屋面，西厢房装修部分保留。南侧各带厢耳房一间，已翻建。

三进院有后罩房七间，已翻建机瓦屋面，戗檐砖雕喜上眉梢。前出廊，装修为后改。西次间保留内檐碧纱橱装修。前出垂带踏跺四级，两侧耳房各一间，东西厢房各两间，瓦面均已翻建。

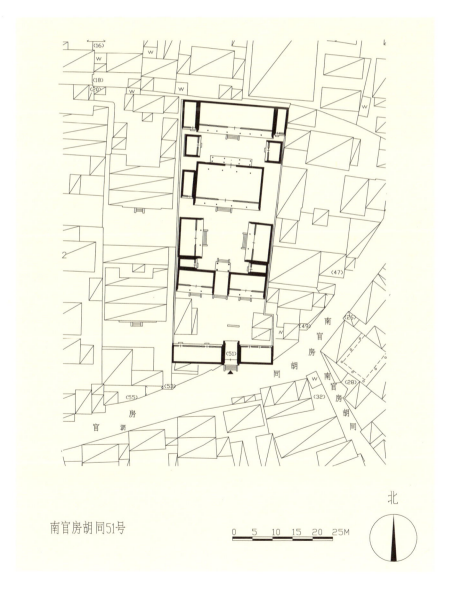

南官房胡同51号

0 5 10 15 20 25M

北

大门

门簪

东倒座房后檐

大门廊心墙

正房东山墙原开门

大门门墩

一字影壁

垂花门

一进院正房过厅

一进院正房

二进院正房

二进院正房北侧平顶抱厦

二进院西厢房

三进院正房前檐装修

三进院正房饯檐砖雕

位于西城区什刹海街道，清代晚期至民国初期建筑，现为居民院。

该院坐北朝南，前后二进院。金柱大门一间，过垄脊合瓦屋面。门上有梅花形门簪四枚，红漆板门两扇，圆形门墩一对，上刻麒麟卧松纹饰。后接平顶廊，檐下带木挂檐板、盘长如意倒挂楣子。

一进院倒座房东侧一间，西侧四间，机瓦屋面。北侧有正房三间，前出廊，机瓦屋面，两侧耳房已翻建。

二进院有南房三间，过垄脊筒瓦屋面，前后出廊，戗檐砖雕马上封侯图案。东西厢房各两间，均已翻建。北侧正房为砖木结构二层小楼一座，面阔五间，过垄脊合瓦屋面，平口券门窗装修，当心三间吞廊，一层檐下置木挂檐板。

南官房胡同57号

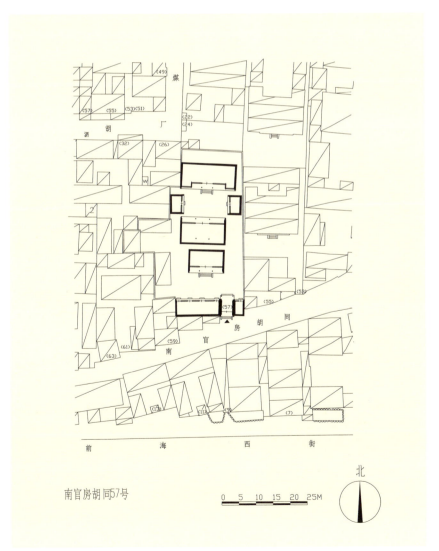

南官房胡同7号

0 5 10 15 20 25M

北

大门东门房

大门门墩

门扇装修

大门门墩

平顶廊

倒挂楣子

一进院正房

西倒座房

二进院南房

二进院正房二层楼

二进院南房花盘子

二进院南房戗檐砖雕

二进院西厢房

千竿胡同3号

位于西城区什刹海街道，清代晚期建筑，传原为达仁堂药店经理的宅院，现为单位宿舍。

该院坐北朝南，东西两路，前后二进院。原屋宇式门已封堵，清水脊合瓦屋面，前檐戗檐砖雕太师富贵图案，后檐戗檐砖雕狮子绣球图案，博缝头砖雕牡丹图案。门内置一字影壁一座。倒座房东侧三间，西侧五间，清水脊合瓦屋面，西侧第二间为入院门道。

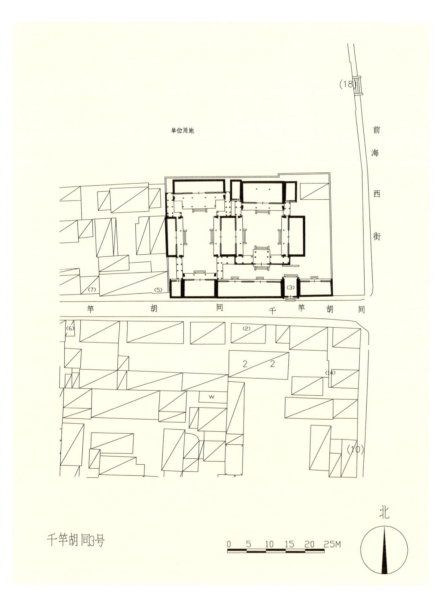

千竿胡同3号

0 5 10 15 20 25M

北

原大门

现有大门

东院一进院北侧有垂花门一座，一殿一卷式，花板雕刻蕃草图案，门上有梅花形门簪两枚，方形门枕石一对。两侧连接看面墙。

二进院有正房三间，过垄脊合瓦屋面，平草圭角盘子，戗檐砖雕博古图案，前后出廊，装修为后改，前出垂带踏跺三级，两侧耳房各一间。东厢房三间，前出廊，西厢房三间，前后出廊，戗檐砖雕博古图案，过垄脊合瓦屋面，四周抄手游廊多有改建。

西院有正房五间，前出卷棚抱厦。西厢房三间，前出廊，装修为后改。东厢房与东院西厢房为一处。戗檐砖雕太师少师图案。南房三间，前出廊，西侧带耳房一间，过垄脊合瓦屋面。

大门后檐西博缝砖雕

大门后檐戗檐砖雕

一字影壁

垂花门

垂花门局部

东院东倒座房

东院东北角平顶廊

东院二进院东厢房

东院二进院正房

东院西厢房戗檐砖雕

东院二进院正房戗檐砖雕

东院西厢房后檐

东厢房博缝头砖雕

西院南房后檐

西院平顶廊子

西院正房

前海北沿17号

位于西城区什刹海街道，清代晚期建筑，据传曾为梅兰芳先生之妻福芝芳的娘家，现为居民院。

该院坐北朝南，前后三进院。广亮大门一间，过垄脊合瓦屋面，脊饰花盘子，戗檐砖雕梅花图案，博缝头砖雕万事如意图案，前檐柱间带雀替，门上有梅花形门簪四枚，红漆板门两扇，圆形门墩一对，上刻卷云纹饰，礓磋铺地。倒座房东侧一间半，西侧四间，过垄脊合瓦屋面。

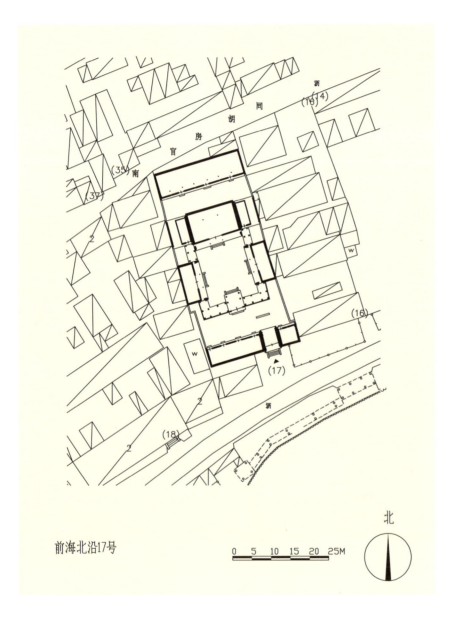

前海北沿17号

0 5 10 15 20 25M

北

大门

大门门墩

一进院有一字影壁一座，西侧垂花门已拆除。

二进院正房三间，前出廊，过垄脊合瓦屋面，装修为后改，后檐梁头彩画，装修为后改，平草盘子圭角，戗檐砖雕狮子绣球图案。两侧带耳房各一间，西耳房有半间过道通往第三进院。东西厢房各三间，前出廊，其中东厢房已翻机瓦屋面，西厢房过垄脊合瓦屋面，戗檐砖雕鹿鹤同春图案，两层蕃草拔檐。西北侧有窝角平顶廊与正房相连。

第三进院北侧为后罩房七间，前出廊，装修为后改，过垄脊合瓦屋面。

雀替

影壁砖雕

西倒座房

正房花盘子

正房

西厢房

西窝角游廊

东厢房戗檐鹿鹤同春砖雕

西厢房万事如意博缝砖雕

后罩房

位于西城区什刹海街道，清代晚期建筑，现为居民院。

该院坐北朝南，前后三进院。蛮子门一间，清水脊合瓦屋面，东侧脊翘残。戗檐砖雕万字、葫芦图案。门上有梅花形门簪四枚，依次刻金边"平""安""如""意"纹样，红漆板门两扇，门钹一对，如意形门包页一副，圆形门墩一对，上刻宝相花图案。前出如意踏跺三级。象眼砖雕万字佛八宝、龟背锦、团寿图案，后檐柱间带卧蚕步步锦棂心倒挂楣子。倒座房西侧五间，过垄脊合瓦屋面。门内带一字影壁一座，西侧有一小屏门，北侧二门为蛮子门形式，清水脊合瓦屋面，两侧连接看面墙。影壁心刻花卉砖雕。

二进院有正房三间，前后出廊，过垄脊合瓦屋面。两侧耳房各两间，

前海北沿14号

大门

大门门墩

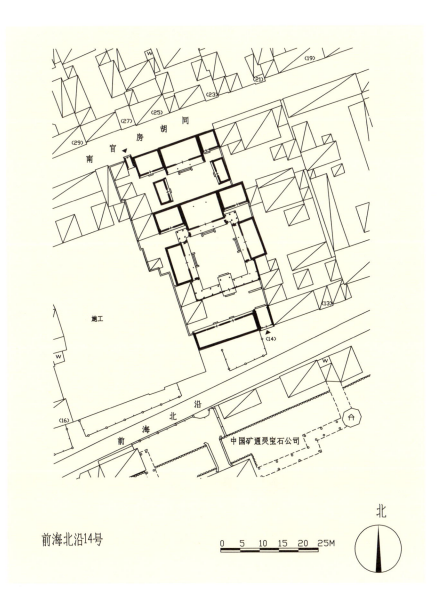
前海北沿14号

0 5 10 15 20 25M

北

过垄脊合瓦屋面。原东西厢房各三间带前廊，现已翻建。院内种有玉兰树两株、石榴两株、芍药等绿植。

第三进院已划归南官房胡同12号。北侧有小门楼一间，清水脊合瓦屋面，门上有梅花形门簪两枚，红漆板门两扇，新做门墩一对。院内有正房三间，过垄脊合瓦屋面，前出廊，装修为后改。两侧带耳房，东一间，西两间，过垄脊合瓦屋面。东西两侧各带平顶厢房两间，檐下带木挂檐板。

倒座房

象眼

倒挂楣子

一字影壁

大门饿檐万福多子砖雕

大门正脊花盘子

二门看面墙东

二进院正房

二门

二进院东厢房

三进院入口小门楼

三进院正房

三进院东厢房

三进院正房西耳房

郭沫若故居（前海西街18号）

位于西城区什刹海街道，清代建筑，该院现为郭沫若纪念馆使用，1982年由国务院公布为全国重点文物保护单位。

故居始建于清代，曾为清乾隆朝权臣和珅府外的一座花园，嘉庆年间，和珅被贬，家被抄，花园遂废。清同治年间，花园成为恭亲王奕䜣恭王府的前院，是堆放草料和养马的马厩。民国年间，恭亲王的后代把王府和花园卖给了辅仁大学，把这里卖给天津达仁堂乐家药铺做宅园。在院子的南头和千竿胡同相倚的地方有两块达仁堂的界石砌在墙根里，上刻"乐达仁堂界"五字。1950~1959年，此处曾是蒙古人民共和国驻华使馆所在地，1960~1963年，为宋庆龄寓所，1963年11月，郭沫若同志由西四大院胡

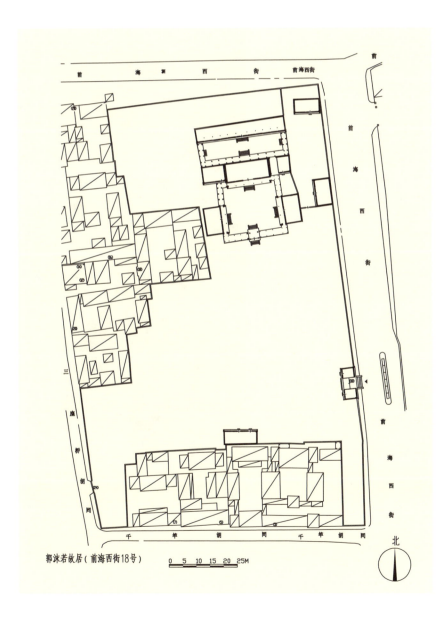

郭沫若故居（前海西街18号）

0 5 10 15 20 25M

北

象眼

雀替

匾额

同5号搬到这里居住，一直到1978年6月12日逝世，为期15年。

郭沫若（1892-1978），原名郭开贞，字鼎堂，乳名文豹，号尚武，四川乐山人，是我国现代文学家、考古学家和古文字学家，中华人民共和国科学文化事业的重要领导者。五四时期积极投身于新文化运动，并逐渐接受马克思主义。1926年参加北伐战争，任国民革命军总政治部副主任。1927年，他参加了著名的南昌起义，同时加入中国共产党。大革命失败以后，他流亡日本，开始用马克思主义观点研究中国古代史和古文字学，撰写了《中国古代社会研究》《甲骨文字研究》等学术水平极高的论著。抗日战争开始后，他回到祖国，在周恩来同志直接领导下，团结和组织国民党统治区的进步文化界人士，开展抗日救亡运动。抗战胜利后，他与国民党反动派进行了针锋相对地斗争。新中国成立后，他被选为全国文联主席，历任政务院副总理、中国科学院院长，并当选为中国共产党第九届、第十届、第十一届中央委员会委员，全国人民代表大会第一届至五届常务委员会副委员长，并历任全国政协委员、常委、副主席等职，对中国的科学文化教育事业作出了不可磨灭的贡献。

郭沫若故居占地面积约7 000平方米。分为庭院、主体建筑两部分。大门坐西朝东，为三间一启门形式，硬山顶，过垄脊筒瓦屋面，梁架绘箍头彩画。明间辟广亮大门一间，前檐柱间带雀替，门上有梅花形门簪四枚，红漆板门两扇。门上黑底金字牌匾一方，书"郭沫若故居"，落款"邓颖超题"。两侧次间各开窗一扇。大门外有砖砌一字影壁一座，过垄脊筒瓦，虎皮石基础。

大门内为故居的前院，是由绿地、林木、山石等组成的一座大型庭院。在草坪中，郭沫若先生的铜像端坐其中。院内西南角有房一栋，为翠珍堂，面阔四间，硬山顶，过垄脊合瓦屋面，门窗装修已改，现为故居办公地点。

故居的北半部为主体建筑，坐南朝北，共两进院落。一进院落的最南端有一殿一卷式垂花门一座，筒瓦屋面，梁架绘苏式彩画，带垂莲柱头，花板雕花，垂花门上有梅花形门簪两枚，后檐柱间有绿色屏门，垂花门前出垂带踏跺五级，门前左右各有一口铜钟，门两侧接围墙，清水脊筒瓦屋面。一进院正房面阔五间，前后出廊，硬山顶，过垄脊筒瓦屋面，木构架有箍头彩画，柱间带雀替，明间四扇玻璃门，前出垂带踏跺六级，次间、梢间为玻璃窗。正房两侧各带耳房两间，硬山顶，过垄脊筒瓦屋面。院内东西厢房各三间，均前出廊，硬山顶，过垄脊筒瓦屋面，木构架绘箍头彩画，柱间带雀替。明间四扇玻璃门，前出垂带踏跺五级。次间玻璃窗。院落四周环以抄手游廊，四檩卷棚顶，筒瓦屋面，廊柱间带步步锦倒挂楣子。第二进院有后罩房，面阔十一间，前后出廊，硬山顶，鞍子脊合瓦屋面，木构架绘箍头彩画，明间前出垂带踏跺五级。院内四周环以平顶游廊。

院落东侧有东跨院一座，院内有东房三间，硬山顶，鞍子脊合瓦屋面，前出平顶廊。北房两间，硬山顶，过垄脊合瓦屋面，装修已改，北房西侧有平顶廊。

郭沫若像

大门

影壁

箍头彩画

垂花门

一进正房

钟

东院东房

游廊

栏板及装饰

后罩房

西厢房

西侧南房

前井胡同15号

位于西城区什刹海街道，清代晚期建筑，现为居民院。

该院坐北朝南，前后二进。广亮大门一间，清水脊合瓦屋面，象眼砖雕万字、龟背锦、菱形图案。门上有梅花形门簪四枚，圆形门墩一对，上刻卷云纹饰。倒座房东侧半间，西侧八间，已翻机瓦屋面。

一进院门内侧有座山影壁一座。西侧有一殿一卷式垂花门一座，花罩遍施彩绘，门上有梅花形门簪两枚，圆形门墩一对，上刻麒麟卧松纹饰，两侧接看面墙。

二进院有正房三间，前后出廊，盘长如意支摘窗装修保留。檐柱间带雀替，前出垂带踏跺四级，两侧带耳房各二间，前檐装修为后改。东西厢房各三间，前出廊，廊子已封，前檐盘长如意支摘窗装修保留。前出垂带

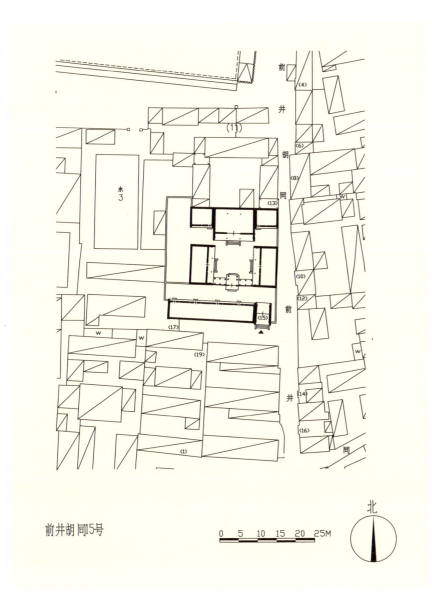

前井胡同5号

0 5 10 15 20 25M

北

大门

大门内象眼砖雕

大门门墩

踏跺三级。该院原有抄手游廊已拆，西侧有排房五间已翻建，建筑均为过垄脊合瓦屋面。

座山影壁

垂花门

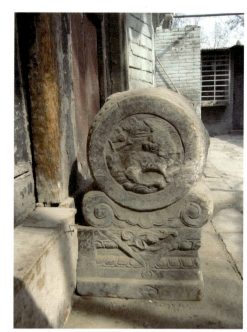

垂花门门墩

倒座房后檐

垂花门花牙子

正房

正房雀替

东厢房

前马厂胡同45号

位于西城区什刹海街道，清代建筑，现为住宅。

该院坐北朝南，两进院落。院落东南隅开随墙门一座，红漆板门两扇，方形门墩一对。一进院北房三间，前出廊，清水脊合瓦屋面，脊饰花盘子，枋心绘有彩画，现已模糊不清，装修为后改。正房两侧东西耳房各一间，过垄脊合瓦屋面。东西厢房各三间，清水脊合瓦屋面，脊饰花盘子，前檐绘有箍头彩画，明间工字步步锦夹门窗，次间为十字方格支摘窗。后马厂胡同2号为该院二进院，原有后罩房，现已拆除。

大门

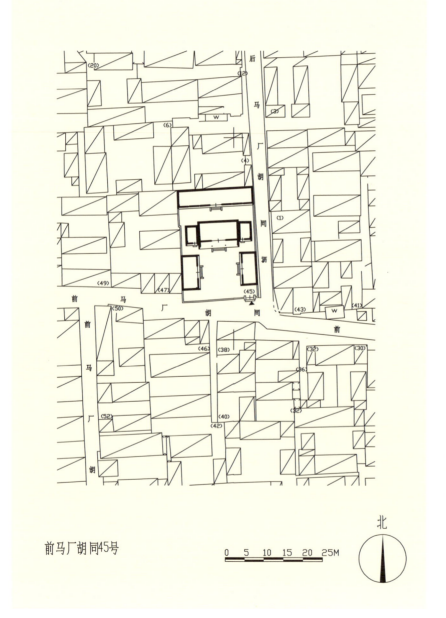

前马厂胡同45号

0 5 10 15 20 25M

北

大门门墩

月亮门

正房

东厢房

西厢房明间装修

正房檩枋彩绘

东厢房箍头彩绘

糖房大院12号

位于西城区什刹海街道，清代至民国时期建筑，现为居民院。

该院坐北朝南，一进院落。该院落于东南隅开随墙门一座，红漆板门两扇。院内正房五间，清水脊合瓦屋面，脊饰花盘子，装修为后改。南房三间，鞍子脊合瓦屋面，装修为后改。东西厢房各三间，鞍子脊合瓦屋面，装修为后改。

大门

正房

东厢房

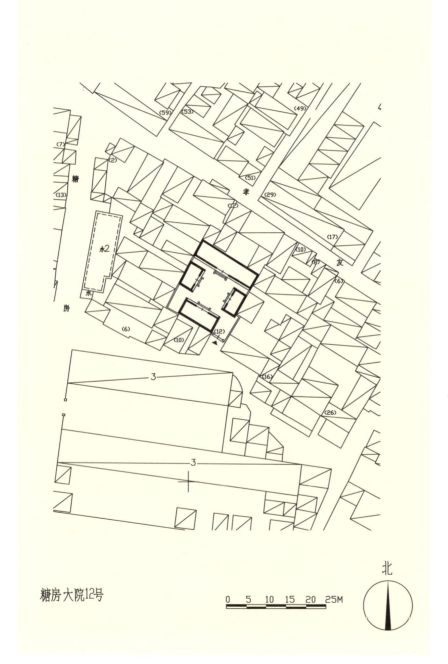

糖房大院12号

0 5 10 15 20 25M

北

位于西城区什刹海街道，清代晚期建筑，现为居民院。

该院坐北朝南，三进院落。如意门一间，过垄脊合瓦屋面。大门上有梅花形门簪两枚，红漆板门两扇，如意形门包页一副，圆形门墩一对。倒座房东侧一间，西侧六间已翻建。

一进院有一殿一卷式垂花门一座，梁枋绘苏式彩画，垂莲柱带雀替，方形门墩一对，前出垂带踏跺三级。

二进院正房三间，过垄脊合瓦屋面，前后出廊，梁枋绘苏式彩画，前出踏跺三级。两侧带耳房各一间，过垄脊合瓦屋面。东侧两侧带游廊连接正房，机瓦屋面，梁枋绘苏式彩画，檐下带冰裂纹倒挂楣子。

第三进院现为东口袋胡同5号，院内有后罩房五间，机瓦屋面，西侧有半间门道。

西煤厂胡同二号

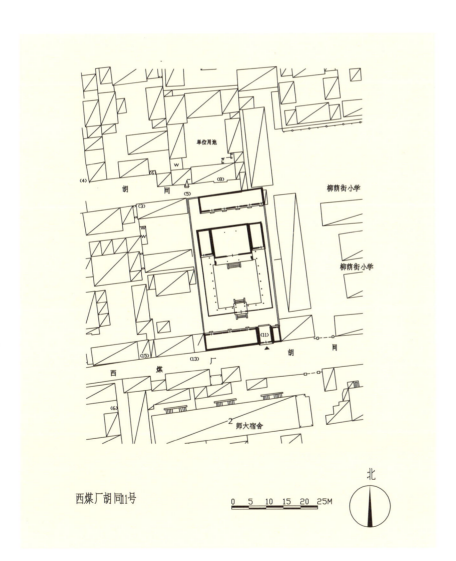

西煤厂胡同1号

大门及西倒座房

门扇

垂花门

垂花门门墩

东游廊

后罩房

正房

正房彩画

西耳房后檐

小石桥胡同7号

位于西城区什刹海街道，清代至民国时期建筑，现为居民院。

该院坐北朝南，两进院落。院落东南隅开如意大门一间，清水脊合瓦屋面，脊饰花盘子，门头栏板装饰，大门有梅花形门簪两枚，红漆板门两扇，上有门包页一副，方形门墩一对，大门内象眼处有砖雕，后檐柱间装饰有工字步步锦棂心倒挂楣子。大门西侧 倒座房面阔七间，清水脊合瓦屋面，脊饰花盘子，部分改为机瓦屋面，菱形封后檐墙。一进院正房面阔五间，前出廊，清水脊合瓦屋面，脊饰花盘子，前出垂带踏跺三级，装修为后改。正房东西耳房各一间。东西厢房各三间，清水脊合瓦屋面，脊饰花盘子，装修为后改。二进院后罩房现已翻建。

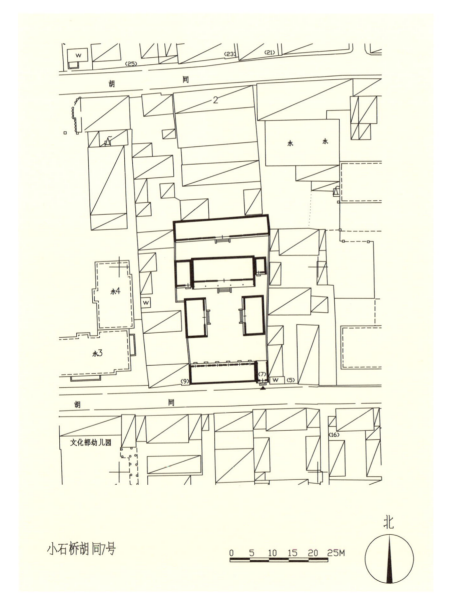

小石桥胡同7号

0 5 10 15 20 25M

北

大门

大门后檐倒挂楣子

大门门墩

大门西侧倒座房

大门内象眼砖雕

大门内山花砖雕

正房

大门内象眼砖雕

东厢房

位于西城区什刹海街道，民国时期建筑，现为居民院。

该院坐北朝南，一进院落。院落东墙南侧开西洋门楼一座，上起女墙，墙上装饰有砖砌门额，檐口装饰有线脚，拱券门，木制板门仅存一扇，后檐柱间装饰有菱形棂心倒挂楣子。院内正房三间，清水脊合瓦屋面，脊饰花盘子，装修为后改。正房东西耳房各一间。东西厢房各三间，鞍子脊合瓦屋面，装修为后改。南房三间，清水脊合瓦屋面，脊饰花盘子，装修为后改。南房东西耳房各一间。

门头装饰

小石桥胡同22号

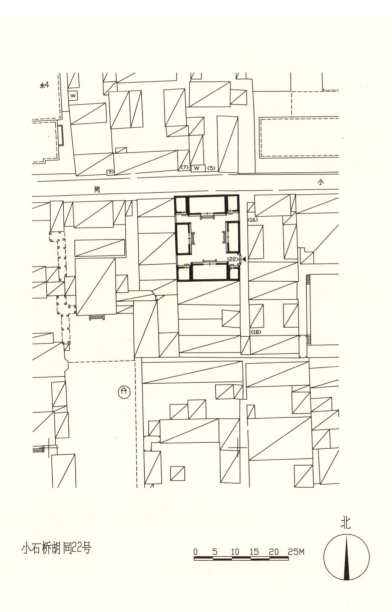

小石桥胡同22号

0 5 10 15 20 25M

北

大门

大门后檐倒挂楣子

北房

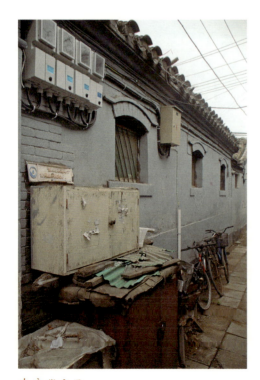

东房背立面

东房

位于西城区什刹海街道，民国时期建筑，现为单位用房。1989年由西城区人民政府公布为西城区文物保护单位。

该院现分为小石桥24号和甲24号。小石桥24号仅存一进院落，院落北侧中间开一殿一卷式广亮大门一间，北向，清水脊筒瓦屋面，脊饰花盘子，前后檐均绘有苏式彩画及箍头彩画，前后檐柱间均装饰有雀替。大门有梅花形门簪两枚，红漆板门两扇，门上黑底金字匾额一方，书"竹园"。门前为礓礤，大门两侧有八字影壁，过垄脊筒瓦，硬心做法，下部为须弥座。大门西侧北房三间，过垄脊合瓦屋面，明间为四抹槅扇门，次间为支摘窗，均为灯笼锦棂心。大门东侧北房三间，东侧一间原开门，现已封闭，一殿一卷式合瓦屋面，前檐绘有苏式彩画，柱间装饰有雀替，西侧两间为合瓦屋面，檐下有挂檐板，前檐绘有苏式彩画。院内南房五间，过垄脊筒瓦屋面，明间前出门廊一间，过垄脊筒瓦屋面，做垂花门形式，前檐绘有苏式彩画，装饰有花板、花罩及垂莲柱头，前出如意踏跺四级。南房东西两侧

小石桥胡同24号大门

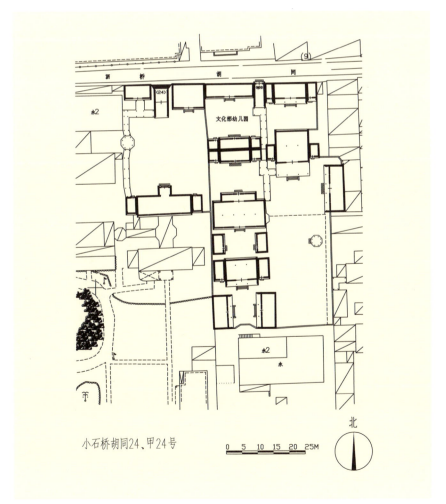

小石桥胡同24、甲24号

0 5 10 15 20 25M

北

24号大门八字影壁

各有耳房一间。院落东侧有四檩卷棚游廊连接南北房，游廊梁架绘有苏式彩画及箍头彩画，装饰有倒挂楣子、花牙子及坐凳楣子。游廊中部建有八角攒尖顶亭子一座，梁架绘有苏式彩画及箍头彩画，装饰有倒挂楣子、花牙子及坐凳楣子。

小石桥胡同甲24号，该院坐北朝南，院落前部已改建楼房，仅存后部东西两路四进院落。小石桥胡同甲24号为小石桥胡同24号后门，院落北侧中部开如意大门一间，清水脊合瓦屋面，脊饰花盘子，戗檐及博缝头处有雕花，门头装饰有栏板，门楣装饰有连珠，门上梅花形门簪两枚，雕刻有花卉，红漆板门两扇，上有门钹一对，方形门墩一对，前出如意踏跺三级，门内象眼处装饰有砖雕。进门有平顶游廊，装饰有倒挂楣子、花牙子及坐凳楣子，通往两侧院落。

西路一进院南侧有月亮门一座，月亮门及两侧看面墙上部用花瓦装饰，院内正房三间，前后出廊，过垄脊合瓦屋面，老檐出后檐墙，前后檐均绘有箍头彩画，明间为槅扇风门，次间为支摘窗，为十字方格棂心，上带横披窗，棂心无存。正房东西两侧各有耳房一间，过垄脊合瓦屋面。东西厢房各三间，过垄脊合瓦屋面，前出平顶廊，明间为夹门窗，次间为支摘窗，均为十字方格棂心。二进院正房五间，两卷勾连搭，后出抱厦三间，过垄脊合瓦屋面，老檐出后檐墙，前后檐均绘有箍头彩画，明间为夹门窗，次间、梢间为推窗，前出如意踏跺三级，抱厦北立面明间为夹门窗。东西厢房各两间，过垄脊合瓦屋面，南侧一间为夹门窗，前出踏跺两级，北侧一间为支摘窗。院内东北角有古树一株。三进院正房三间，过垄脊

合瓦屋面，前檐绘有箍头彩画，明间为夹门窗，次间为支摘窗，均为冰裂纹棂心，前出踏跺三级。正房东西两侧耳房各一间，过垄脊合瓦屋面，裂冰夹门窗。四进院北房五间，现已翻建。南房三间，东西耳房各一间，现已翻建。

东路一进院正房三间，两卷勾连搭，前出抱厦三间，过垄脊合瓦屋面，老檐出后檐墙，前后檐均绘有箍头彩画，明间为槅扇风门，前出垂带踏跺四级，次间为支摘窗，后檐戗檐及博缝头处有雕花。正房东西两侧耳房各一间，过垄脊合瓦屋面。正方前东侧有古树一株。东厢房五间，前

出廊，过垄脊合瓦屋面，前檐绘有箍头彩画，廊柱间装饰有雀替，明间为夹门窗，前出如意踏跺三级，象眼处有"暗八仙"图案。一进院内有八角攒尖顶亭子一座，梁架绘有彩画，装饰有倒挂楣子、花牙子及坐凳楣子，西侧有如意踏跺三级。一进院东侧有平顶游廊连接各房，装饰有倒挂楣子、花牙子及坐凳楣子。二进院正房三间，前出廊，过垄脊合瓦屋面，前檐绘有箍头彩画，廊柱间装饰有雀替，明间为槅扇风门，上带横披窗，前出垂带踏跺两级，戗檐处有砖雕。正房东西两侧有耳房一间，前出廊，过垄脊合瓦屋面。

24号院南房门前垂花门

24号院垂花门局部

24号院南房

24号院南房箍头彩画

24号院南房戗檐砖雕

24号院内游廊局部

小石桥胡同甲24号大门

甲24号院大门门墩

甲24号院大门戗檐砖雕

甲24号院大门栏板砖雕

甲24号院东路一进院正房

甲24号院东路一进院正房山面

甲24号院东路一进院东厢房北侧象眼砖雕

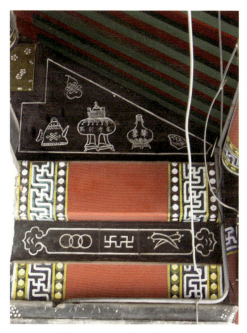

甲24号院东路一进院东厢房南侧象眼砖雕

甲24号院东路一进院东厢房

甲24号院东路一进院东侧游廊

甲24号院东路一进院亭子

甲24号院东路一进院古树

甲24号院东路二进院正房

甲24号院东路二进院正房戗檐砖雕

甲24号院东路二进院正房横披窗

甲24号院西路一进院正房

甲24号院西路一进院月亮门

甲24号院西路一进院正房籍头彩画

甲24号院西路一进院东厢房

甲24号院西路二进院正房

甲24号院西路二进院内古树

甲24号院西路二进院西厢房

甲24号院西路二进院正房后厦

甲24号院西路二进院正房山面

甲24号院墙什锦窗

甲24号院西路三进院正房

小新开胡同15、17号

位于西城区什刹海街道，民国时期建筑，曾为清末宗室后裔住宅，现为居民院。

该院坐北朝南，东西两路院落，原院落大门及倒座房已翻建。门内侧有中心四岔雕花一字影壁一座。东院为住宅区，一进院过厅三间，两侧带耳房各一间，拱券门窗装修，室内装修有碧纱橱，为六抹槅扇，灯笼框棂心。

二进院正房三间，两侧耳房各一间，东西厢房各三间，院内四周环以平顶游廊，檐下置木挂檐板、倒挂楣子，原为过垄脊合瓦屋面，后因梅兰芳故居修建，将瓦挪用，现多有翻建。房屋装修多为近代形式的木框玻璃门窗，正房室内装修有碧纱橱，为八抹槅扇，灯笼锦及竹子卡子花棂心、裙板饰瓶形竹子。

西院原为马棚、伙房及用人房等附属建筑，新中国成立前已被原房主卖出。院内有正房三间，清水脊合瓦屋面，两侧耳房已翻建。东西厢房各三间，过垄脊合瓦屋面。

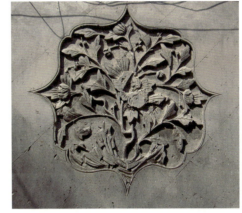
影壁中心花

一字影壁

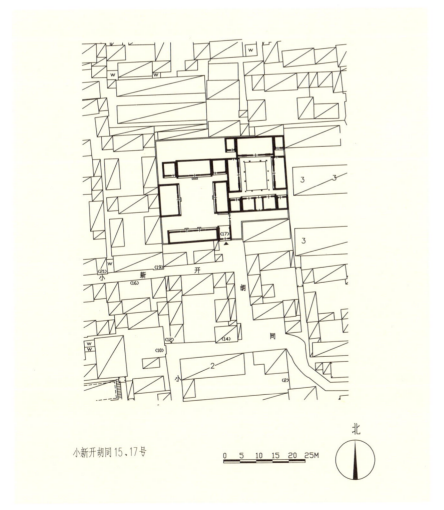
小新开胡同15、17号

0 5 10 15 20 25M

北

游廊倒挂楣子及花牙子

东院正房

东院南房室内装修

东院正房前檐装修

东院东厢房

东院南房

西院正房

东院西侧门道

西院东厢房

兴华胡同5号

位于西城区什刹海街道，民国时期建筑，据传曾为恭王府管家的宅院，现为居民院。

该院坐北朝南，二进院落。蛮子门一间，清水脊合瓦屋面，脊饰花盘子，门上有梅花形门簪四枚，红漆板门两扇（现为铁制），圆形门墩一对，上刻花卉纹饰。倒座房东侧一间，西侧五间，过垄脊合瓦屋面，部分翻建。

一进院原有垂花门一座现已拆除。现存垂花门台阶三级。

二进院正房三间，过垄脊合瓦屋面，前后出廊，前檐带廊门筒子。象眼砖雕八方交四方图案，明间槅扇风门，步步锦棂心装修尚存，前出垂带踏跺四级。东西耳房各二间，东西厢房各三间，前出廊，前檐装修为后改。均为过垄脊合瓦屋面。西北侧保存了一段转角游廊。

大门

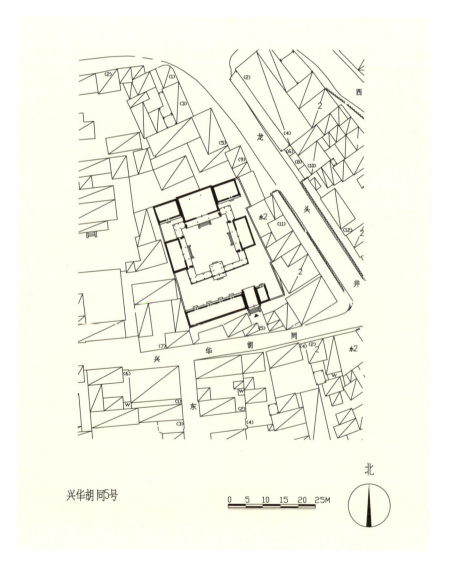

兴华胡同5号

0 5 10 15 20 25M

北

大门门墩

倒座房

转角游廊

正房

正房象眼

东厢房

兴华胡同8号

位于西城区什刹海街道，民国时期建筑，现为居民院。

该院坐南朝北，一进院落。院落东北角开蛮子门一间，清水脊合瓦屋面，脊饰花盘子，门上有梅花形门簪两枚，黑漆板门两扇，上刻门联曰"敦诗悦礼，含谟吐忠"，方形门墩一对，上刻花卉纹饰，前出如意踏跺三级，后檐柱间带步步锦棂心倒挂楣子。

大门内座山影壁一座。大门东侧为门房一间。大门西侧接北房三间，清水脊合瓦屋面，前出廊，前檐装修为后改。北房西侧带耳房一间。院内南房五间，鞍子脊合瓦屋面，前檐装修为后改。东西厢房各三间，东厢房为鞍子脊合瓦屋面，前檐装修为后改。西厢房现已翻建为机瓦屋顶，前檐装修为后改。

影壁博缝砖雕

倒挂楣子

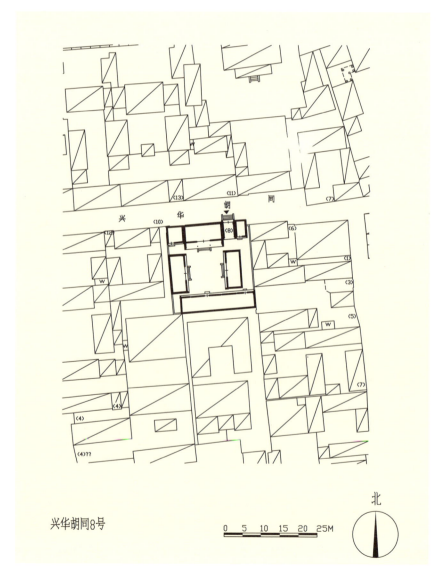

兴华胡同8号

0 5 10 15 20 25M

北

大门门墩

门联

东厢房

大门及倒座房

南房

座山影壁

羊房胡同31号

位于西城区什刹海街道，清代晚期建筑，现为居民院。

该院坐北朝南，三进院落。如意门一间，过垄脊合瓦屋面，门楣朝天栏板砖雕海棠线装饰，大门上有梅花形门簪两枚，方形门墩一对，上刻卷草纹饰，前出如意踏跺四级。倒座房东侧二间，西侧七间，过垄脊合瓦屋面，装修为后改。

一进院北侧有五檩单卷垂花门一座，瓦面翻建，檐下置木挂檐板，方形门墩一对，两侧连接看面墙，前出踏跺三级。

羊房胡同31号

0 5 10 15 20 25M

北

大门

大门门墩

二进院正房三间，过垄脊合瓦屋面，前后出廊，装修为后改。东耳房二间，过垄脊合瓦屋面。西耳房三间，过垄脊合瓦屋面，后出平顶廊连接后罩房。东西厢房各三间，过垄脊合瓦屋面，前出廊，装修为后改。院内平顶游廊连接各房屋。

三进院有后罩房九间，仰瓦灰梗顶部分翻建。

正房

三进院后罩房

正房西耳房

垂花门后檐

东厢房

鸦儿胡同65号

位于西城区什刹海街道，清代至民国时期建筑，现为居民院。

该院坐北朝南，一进院落。院落东南隅开如意大门一间，鞍子脊合瓦屋面，门头装饰花瓦，红漆板门两扇，圆形门墩一对，前出踏跺三级，大门后檐柱间装饰有灯笼锦棂心倒挂楣子。大门东侧门房一间，西侧倒座房面阔四间，封后檐墙，均后改机瓦屋面，装修为后改。院内正房面阔三间，鞍子脊合瓦屋面，装修为后改。正房东西耳房各一间，后改机瓦屋面。东西厢房各三间，后改机瓦屋面，装修为后改。

大门

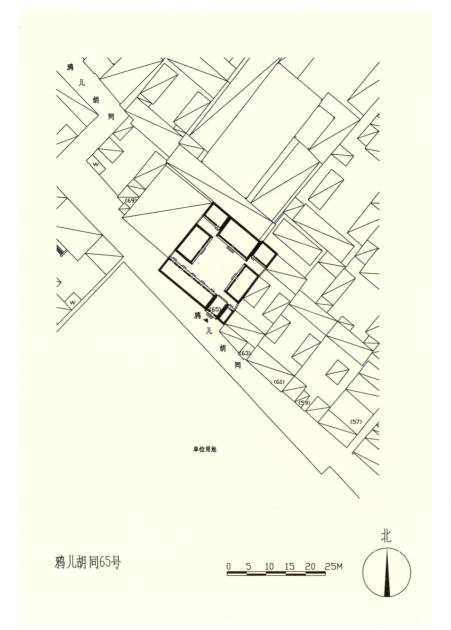

鸦儿胡同65号

0 5 10 15 20 25M

北

大门门墩

门头花瓦装饰

西侧倒座房

鸦儿胡同街景

东侧门房

正房

东厢房

金融街街道

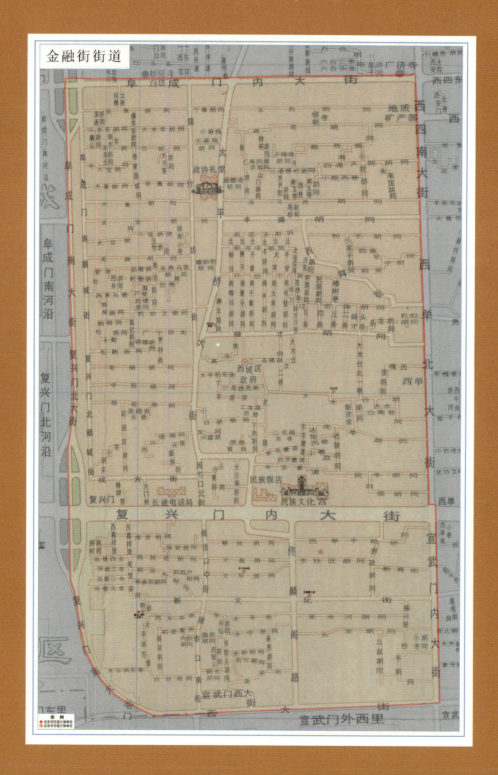

位于西城区金融街街道，清代晚期建筑，是国画大师齐白石先生50岁后的住所。该院现为齐白石先生家属居住，1984年由北京市人民政府公布为北京市文物保护单位。

齐白石（1864-1957），湖南湘潭人，国画大师，擅长诗、书、画、印，作品极多，以齐派画法著称于世。曾任中国美术家协会主席，1953年被中国文化部授予"中国人民杰出艺术家"称号，1963年被联合国列为世界文化名人。

故居坐北朝南，一进院落。蛮子大门东向，位于东房正中，面阔一间，进深五檩，硬山顶，清水脊合瓦屋面，大门上有梅花形门簪两枚，

齐白石故居（跨车胡同13号）

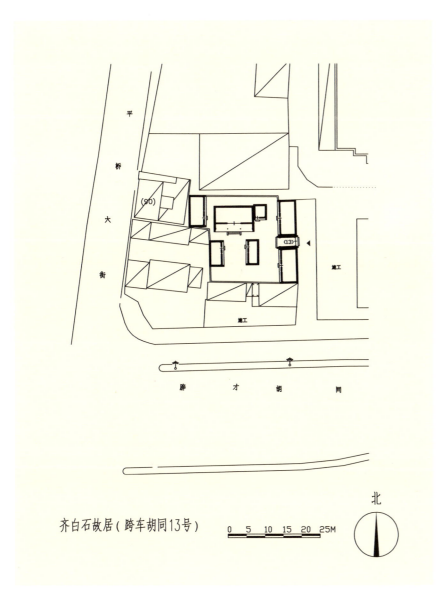

齐白石故居（跨车胡同13号）

0　5　10　15　20　25M

北

大门门墩

大门

黑漆板门两扇，方形门墩一对，雕刻有吉祥图案，现已残损，大门外前出如意踏跺二级，大门后檐柱间带步步锦棂心倒挂楣子，大门内前出如意踏跺三级。大门南北两侧各有东房三间，均进深五檩，硬山顶，鞍子脊合瓦屋面，前檐装修为后改。院内北房（正房）面阔三间，进深六檩，前出廊，硬山顶，鞍子脊合瓦屋面，前檐装修为后改，明间前出如意踏跺三级，该房是当年的"白石画屋"，因屋前安有铁栅栏，又称铁栅屋。北房东侧带耳房一间，进深五檩，硬山顶，过垄脊合瓦屋面，前檐装修为后改。院内有东西厢房各两间，均进深五檩，硬山顶，过垄脊合瓦屋面，前檐装修为后改。西北侧跨院内有西房两间半，进深五檩，硬山顶，过垄脊合瓦屋面，前檐装修为后改。

北房

北房东耳房

西厢房

大门南侧东房

李大钊旧居（文华胡同24号）

位于西城区金融街街道，民国时期建筑，是革命先烈李大钊及其家人1920年春至1924年1月的居所。门牌原为石驸马后宅35号，1965年整顿地名，改为文华胡同24号。2013年由国务院公布为全国重点文物保护单位。2007年，李大钊旧居对外开放。

李大钊（1889-1927）字守常，河北乐亭人，是中国共产主义运动的先驱，中国共产党主要创始人之一。1918年起任北京大学教授、图书馆主任。俄国十月革命后，他以《新青年》和《每周评论》等为阵地，相继发表了《法俄革命之比较观》《庶民的胜利》《布尔什维主义的胜利》《我的马克思主义观》《再论问题与主义》等著名文章，大力宣传马克思主义。1920年3月与邓中夏、高君宇等发起成立了"马克思学研究会"，1920年10月与张申府、张国焘发起成立了北京共产党小组。

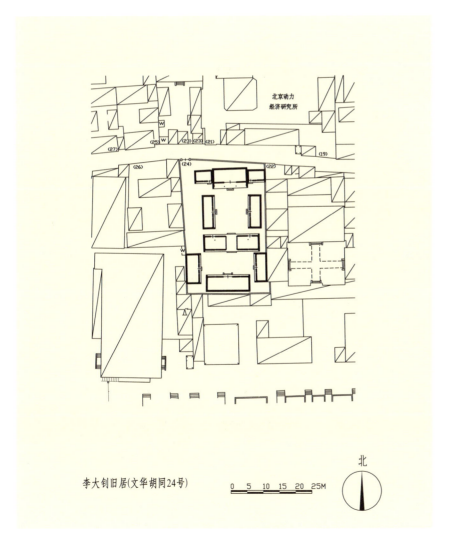

李大钊旧居(文华胡同24号)

0 5 10 15 20 25M

北

一进院北房东耳房

1921年中国共产党成立后，李大钊负责领导北方地区党的工作，1926年领导"三一八"请愿示威活动，1927年被奉系军阀张作霖逮捕并杀害。在石驸马后宅35号（今文华胡同）居住期间，也是李大钊革命生涯紧张忙碌的一个时期。

旧居坐北朝南，现于南侧添置第二进院为李大钊先生生平事迹展室。院落西北角开大门一间，北向，为平顶小门楼形式。一进院北房三间，鞍子脊合瓦屋面，前出平顶廊，明间为槅扇风门带帘架，步步锦棂心，次间下为槛墙，上为支摘窗，龟背锦棂心，明间前出如意踏跺三级。北房东西两侧各带平顶耳房两间，檐下带木挂檐板，装修为夹门窗形式，门为步步锦棂心，支摘窗上为步步锦棂心，下为井字玻璃屉。院内东西厢房各三间，均为平顶，檐下带木挂檐板，明间为夹门窗形式，门为步步锦棂心。次间下为槛墙，上为支摘窗，支摘窗均上为步步锦棂心，下为井字玻璃屉，明间前出如意踏跺三级。二进院北侧过厅五间，过垄脊合瓦屋面。南房五间，两卷勾连搭形式，均为鞍子脊合瓦屋面。东西厢房各三间，均为鞍子脊合瓦屋面。李大钊一家人主要居住在一进院中，北房是堂屋和李大钊夫妇的卧室，东、西耳房是长女李星华及次女李炎华、次子李光华等人的卧室，东厢房是长子李葆华的书房和客室，西厢房是李大钊的书房和会客室。

大门外景

一进院北房

一进院北房檐下彩画

一进院北房明间

一进院西耳房与北房间过门

一进院北房内展陈

过厅南立面

过厅

二进院正房北立面

一进院东厢房

二进院西厢房

西长安街街道

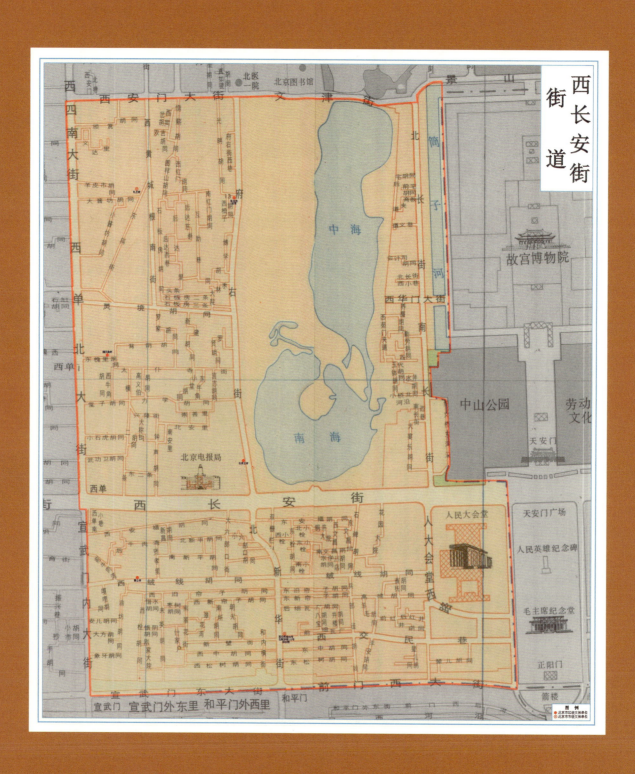

张自忠故居（府右街丙27号）

位于西城区西长安街街道，清代至民国时期建筑。此宅原为北洋军阀总统府侍卫长徐邦杰的房产，1934年张自忠将军将其购得，并于1935~1937年在此居住。抗日战争胜利后其家属为了纪念张将军，并遵其遗嘱于1947年开始进行创办自忠小学的筹备工作，次年春正式创办。新中国成立后，自忠小学几经更名，1988年11月市政府根据人大提出恢复自忠小学议案，批准恢复现名——北京市西城区自忠小学。同年，立刻字纪念碑于张将军卧室所在东院内，碑文为周恩来总理当年为张自忠将军题写的悼词："其忠义之志，壮烈之气，直可以为我国抗战军人之魂。"1989年由西城区人民政府公布为西城区文物保护单位。2001年被公布为西城区爱国主义教育基地。将原张将军书房改作张自忠将军生平展室，供参观学习。现作为自

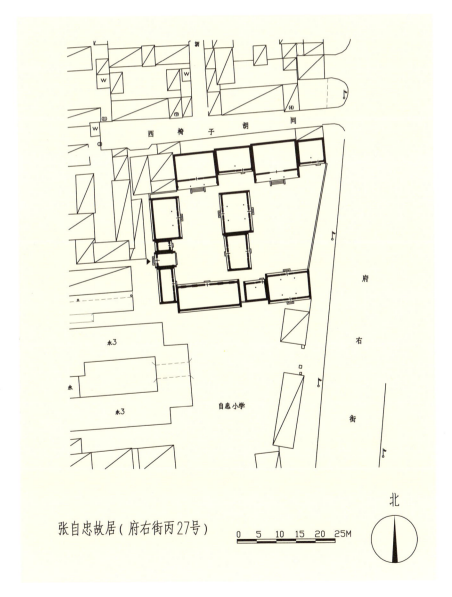

张自忠故居（府右街丙27号）

0 5 10 15 20 25M

北

方形门墩

忠小学使用。

张自忠（1891-1940），字荩忱，著名爱国将领，中原大战后接收中央政府改编，并参与喜峰口战斗。"七七事变"爆发后，曾代理冀察政务委员长及北京市长，此后历任五十九军军长、第三十三集团军总司令兼第五战区右翼兵团司令，先后参与了徐州会战、武汉会战等。1940年于枣宜会战中殉职，追授为中华民国陆军二级上将。

该院坐北朝南，原为东、中、西三进院落，府右街扩展马路时东院拆除，中院东厢房也被改建为中院东院墙，现中院、西院基本保持原貌。中院正房三间，前出廊，硬山顶，过垄脊合瓦屋面，铃铛排山，明间槅扇风门，民国风格装修，裙板装饰香草夔龙捧寿图，次间槛墙、支摘窗，十字方格嵌玻璃棂心，明间出垂带踏跺四级，两侧带吉门。此处原为张将军卧室，现为学校会议室。东接耳房两间，前带廊，硬山顶，过垄脊合瓦屋面，披水排山，檐柱装修，东间门连窗，西间槛墙、支摘窗，十字方格嵌玻璃棂心。此处原为张将军盥洗室，现为校长室。西耳房两间，前带廊，与西院正房相连，硬山顶，过垄脊合瓦屋面，披水排山，装修已改，前搭机瓦平顶房一间，现为学校图书室。东院墙曾有"张自忠将军爱国主义精神永放光芒"的红字标语，2006年改为讲述张将军抗战大事记的一组浮雕。西厢房三间为过厅，进深五檩，前后带廊，过垄脊合瓦屋面，铃铛排山，檐柱装修，明间东西开穿堂门，与西院相连，采用夹门窗形式，次间槛墙、支摘窗，十字方格嵌玻璃棂心，明间出踏跺二级，现为音乐教室。南接顺山房两

间，过垄脊合瓦屋面，明间夹门窗，次间槛墙、支摘窗，十字方格嵌玻璃棂心。南房三间，前后带廊，过垄脊合瓦屋面，披水排山，檐柱装修，明间夹门窗，次间槛墙、支摘窗，十字方格嵌玻璃棂心，明间出如意踏跺三级。西接耳房两间，前后带廊，硬山顶，过垄脊合瓦屋面，檐柱装修，东间门连窗，西间槛墙、支摘窗，十字方格嵌玻璃棂心。院内正房东侧及西厢南顺山房前各有二级古树一株，树种为国槐。

西院内有正房三间，前出廊，硬山顶，过垄脊合瓦屋面，铃铛排山，明间夹门窗，次间槛墙、支摘窗，十字方格嵌玻璃棂心，明间出垂带踏跺四级，两侧带吉门。此处原为张将军书房，现改为张自忠将军生平展室，由杨成武将军题额。南房五间为过厅，硬山顶，过垄脊合瓦屋面，披水排山，

明间南北向开穿堂门与院外相连，各间拱券门窗装修，上饰西洋式浮雕图案，明间出踏跺二级。西厢房三间，进深五檩。前后带廊，硬山顶，过垄脊合瓦屋面，铃铛排山，檐柱装修，明间夹门窗，次间槛墙、支摘窗，十字方格嵌玻璃棂心，明间出踏跺二级，现作自然教室使用。南接厢耳房一间，进深三檩，过垄脊合瓦屋面，夹门窗装修，夹杆条玻璃屉棂心，现为卫生室。厢耳房南侧紧邻如意小门楼一座，西向，清水脊合瓦屋面，进深五檩，门头装饰流云等各式砖雕，大门上有梅花形门簪两枚，红漆板门两扇，饰铺兽一对，方形门墩一对，前出踏跺二级。门楼南接顺山房三间，进深三檩，鞍子脊合瓦屋面，明间夹门窗，次间槛墙、支摘窗，十字方格嵌玻璃棂心，明间出踏跺二级。院内西庑房前有二级古树一株，树种为国槐。

东院墙浮雕

中院正房

裙板木雕——香草夔龙捧寿图

中院南房

中院西厢房

中院正房明间装修

中院西厢房南侧顺山房

中院正房东耳房

中院南房西耳房

西院如意门

西院南房

西院南房窗雕花

门楼南侧顺山房

西院正房

西院西厢房

西院西厢房耳房

　　位于西长安街街道,据有关专家认证该建筑群为中国历史上最后一位皇帝溥仪"帝师"陈宝琛(1848-1935)的宅邸。新中国成立后,该建筑群改为单位宿舍。

　　建筑群分为东西两组建筑,主体建筑建于中线之上,附属建筑分列左右。为便于管理,建筑群分为灵境胡同33号院、35号院和37号院三组院落,主体院落为灵境胡同33号、37号院。

　　灵境胡同33号院:清末和民国时期建筑。坐北朝南,三进院落。广亮大门一间,硬山顶,后改机瓦屋面,木构五架梁,檩件涂红漆,门上有走马板,四角形门簪四枚,红漆板门两扇,门框两侧带余塞板,圆形门墩一对。大门两侧门房各一间,硬山顶,后改机瓦屋面,房门位于门

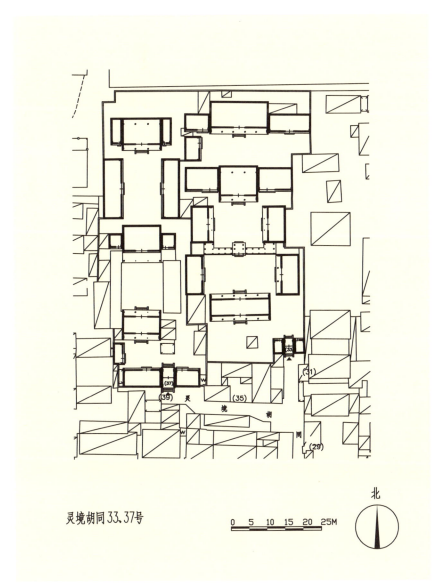

灵境胡同33、37号

0 5 10 15 20 25M

北

33号院大门

33号院大门门簪

33号院第一进院正房后檐

道内侧。

第一进院正房一座，面阔五间，硬山顶，过垄脊合瓦屋面，前后廊，室内外装修为后改。东西厢房各三间，硬山顶，过垄脊合瓦屋面，室内外装修为后改。第二进院由正房、厢房、垂花门组成。垂花门一间，一殿一卷形式，脊已残，后改机瓦屋面，檩件下方采用荷叶墩做法，连拢枋安装透空花板，连拢枋下为雀替，梅花形门簪两枚，红漆板门两扇，后檐柱间装有屏门，两侧原有通道与抄手游廊连接。正房一座，面阔三间，硬山顶，脊残坏，合瓦屋面，室内外装修为后改。东西耳房各两间，硬山顶，后改机瓦屋面，室内外装修为后改。东西厢房各三间，硬山顶，后改机瓦屋面，室内外装修为后改。第三进院正房一座，面阔五间，硬山顶，清水脊合瓦屋面，带前廊，后期已经推出，原有台明尚存，室内外装修全部为后改。东西耳房各一座，东耳房面阔五间，硬山顶，过垄脊干槎瓦屋面，室内外装修为后改；西耳房两间，硬山顶，过垄脊合瓦屋面，室内外装修为后改。西厢房两间，硬山顶，后改机瓦屋面，室内外装修全部后改，原有东厢房已不存。33号院原为陈宝琛宅邸的一部分，原有建

筑格局较为清晰，主体建筑虽经其后改造，但总体上保存尚且完整。

灵境胡同37号院：坐北朝南，三进院落。广亮大门一间，硬山顶，过垄脊合瓦屋面，木构五架梁，梁架涂红漆，柱间带雕花雀替，象眼和穿插挡抹灰雕饰，门上有走马板，梅花形门簪四个，红漆板门两扇，门框两侧带余塞板，圆形门墩一对。倒座房一座，面阔六间，东二西四，硬山顶，后改机瓦屋面，室内外装修全部为后改。

第一进院正房一座，面阔三间，硬山顶，清水脊合瓦屋面，铃铛排山，前后廊，后期已经推出，原有建筑台明尚存，室内外装修为后改。东西耳房各一间，硬山顶，过垄脊合瓦屋面，室内外装修为后改，西厢房两间，硬山顶，后改机瓦屋面，室内外装修为后改。原有东厢房已不存。第二进院正房一座，面阔三间，硬山顶，过垄脊合瓦屋面，前带敞轩三间，悬山勾连搭，铃铛排山，室内外装修全部为后改。东西耳房各一间，后改机瓦屋面，室内外装修为后改。东西厢房各三间，硬山顶，后改机瓦屋面，室内外装修为后改。正房与厢房原带有抄手游廊，现改为住房。第三进院正房一座，面阔三间，硬山顶，过

垄脊合瓦屋面，前后廊，廊心墙象眼和穿插挡抹灰雕饰，梁架涂红漆，室内外装修为后改，明间带垂带踏跺。东西耳房各一间，硬山顶，过垄脊合瓦屋面，室内外装修后改。东西厢房各五间，硬山顶，后改机瓦屋面；室内外装修为后改。正房与厢房原带有抄手游廊，现改为住房。37号院原为陈宝琛宅邸的一部分，原有建筑格局清晰完整，每进院落建筑整齐，主体建筑做法讲究。建筑虽经后期改造，但总体上保存尚且完整。

垂花门局部

33号院第二进院垂花门

33号院第二进院厢房

33号院第二进院正房及耳房

33号院第三进院正房及耳房

37号院大门雀替

37号大门

37号院大门门墩

37号院大门门簪

37号院大门象眼雕饰

37号院第二进院正房

37号院第三进院正房

37号院第三进院正房廊间雕饰

37号院第三进院厢房

位于西城区西长安街道，民国时期建筑。原是北京双合盛五星啤酒厂创办人郝升堂的住宅。现由国资委石化机关服务中心管理使用。1984年由北京市人民政府公布为北京市文物保护单位。

两处院落原为一处，整组宅园坐北朝南，东路(西交民巷87号)是住宅部分，西路(北新华街112号)是花园部分。1913年，郝升堂从圆明园拉走了许多太湖石、汉白玉石雕栏板、石笋、石刻匾额、石雕花盆等构件布置在该宅院中。2008年圆明

园管理处本着"不构成存放地现有建筑物构件的，不影响现存放地整体景观风貌的，在存放地散落的"的原则进行了征集，部分石刻件已回归圆明园。现宅院中仍保存部分圆明园石构件。

东路有广亮大门一间开于院落东南角，大门两侧倒座房共八间，西侧一间，东侧七间。大门及倒座房皆为鞍子脊合瓦屋面，铃铛排山。门内有素做座山影壁一座，西接筒瓦卷棚四檩游廊。向西穿过游廊为太湖石叠成的"门"，

假山"门"构成一道屏障，替代了传统四合院中垂花门及看面墙，这种设计别具匠心，别有一番风味。进入内院的"门"，"门"上太湖石刻有乾隆御制诗三首，分别为：癸卯新正，乾隆四十八年《题狮子林十六景用辛丑诗韵》中，为长春园狮子林的"云林石室"所题诗文："云为

西交民巷87号，北新华街112号

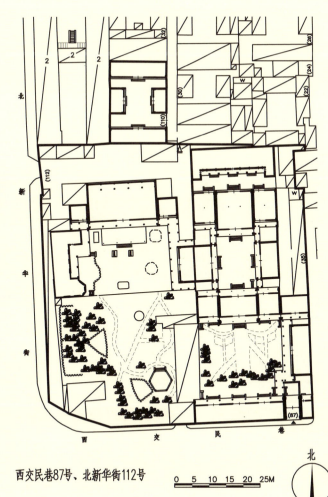

西交民巷87号、北新华街112号

0 5 10 15 20 25M

北

林复石为室，谁合居之适彼闲。却我万几无暑暇，兴心那可静耽山。"；乾隆五十一年，《狮子林十六景诗》中为狮子林"右画舫"所题诗文："湖石丛中筑精室,偶来憩坐可观书。云林仍是伊人字,数典依然欲溯初。"；嘉庆元年，《狮子林十六景诗》中为狮子林"右画舫"所题诗文："云那为林石非室,幽人假藉正无妨。笑予劳者奚堪拟,一再安名盘与闻。"二进院中北房三间，前出廊，鞍子脊合瓦屋面，铃铛排山，廊柱间有雀替一对，前檐门窗装修已改，室内地板为花砖墁地。北房东、西各带耳房两间，鞍子脊合瓦屋面，檐下有木质挂檐板。东耳房东侧有庑房三间，合瓦屋面，披水排山。庑房南与东厢房接。东厢房面阔五间，前出廊，元宝脊，铃铛排山。东厢房前廊与进大门处游廊贯通。二进院内布置有假山、叠石。三进院北房面阔三间，为两卷勾连搭形式。

三进院北房东、西各带耳房两间，檐下有木质挂檐板。院内东、西厢房各三间，均为鞍子脊合瓦屋面，铃铛排山。三进院内有灰筒瓦四檩卷棚游廊相连。四进院有后罩房九间。

西路中央设一道汉白玉栏杆，将院落分为南北两个区域，南部为花园，草地、假山、水池、小径穿插其间；北部有建筑两组，地面高于南侧，以砖砌地面。南北两侧各有树池一处，都是用汉白石玉石雕围而成，汉白玉上浮雕仰莲、圆雕海水等精美图案。

西路南部花园与东路二进院原通过长廊相连，现长廊无存。西院花园中太湖石叠砌的假山上镶嵌有多块汉白玉题字刻石。"普香界"刻石，原为长春园法慧寺西城关的刻石；"屏蠛"刻石，原为圆明园杏花春馆东北城关的刻石,这两块刻石均为乾隆皇帝御笔。"护松扉"、"排青幄"刻石，原为绮春园

含辉楼南城关之南北石匾；"翠潋"刻石，原为绮春园湛清轩北部水关石刻,这三块刻石均为嘉庆皇帝御笔。院内还有硅化木、石雕等。西院花园东侧有一座六角攒尖亭子，灰筒瓦屋面，石台基，花砌墁地。院落西侧有铺面房17间，沿西交民巷及北新华街临街方向开窗，建筑采用砖砌拱券和女儿墙。现临街女儿墙上端现仍存"乾鲜果局"及"三盛记"字样的老店砖刻招牌。花园北部为卷棚歇山顶花厅一座，前出抱厦三间。东厢房面宽三间，前出平顶廊，廊檐下有木质挂檐板，与87号院三进院西厢房为两卷勾连搭形式。西厢房为一组中西合璧式建筑，平面布局呈半框型，合瓦屋面，前出平顶廊，前有异型月台。

西路北侧另有后院，是一座小型四合院，正房及倒座各五间，东、西厢房各三间。原后院与北新华街112号院相连，现另辟一门。

东路二进院正房

东路二进院正房地面花砖

东路二进院正房东耳房

东路三进院正房

东路三进院西厢房

东路三进院耳房

东路一进院东厢房

东路太湖石"门"

东路四进院正房

"翠激"刻石

"排青幌"刻石

汉白玉石雕树圈

"普香界"刻石

"护松扉"刻石

西路亭子

东路大门

东路倒座房

西路花厅

铺面房

西路西厢房

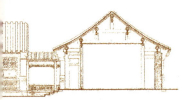

后记

　　《城市记忆——北京四合院普查成果与保护》是北京市古代建筑研究所鉴于城市改造过程中大量四合院建筑逐渐消失，或是被进行了与传统四合院不匹配的改造的情况下，进行的一项调查工作成果。

　　2002年～2005年，北京市古代建筑研究所对当时划定的旧城危改区内的旧宅院状况进行了全面调查，然而对非危改区域内的旧宅院状况却一直没有进行此项工作。为弥补这一空白，自2007年开始至2013年，我们对北京旧城内的非危改区内的旧宅院进行了全面调查，并整理成为本书。

　　调查过程中，同仁们顶严寒、冒酷暑，逐院排查。认真地记录建筑现状、仔细地核对院落原始范围、拍摄现状照片。大多数居民、单位非常热情地接待和支持我们的工作，有的老人还会端出一杯热水，让我们从心里感到了由衷的温暖。让调查人员尴尬的是一些宅院的使用者或居住者，不能理解我们的工作或其他原因，经常给了闭门羹。个中心酸，不再赘述。

　　北京旧城内的四合院经过多年的变迁，多数已经成为大杂院，调查过程中区分新建筑和老建筑，辨别原始格局和范围成为难题，加之我们水平有限，错误之处，在所难免，恳请专家和广大读者给予指正。

　　在调查过程中，先后有梁玉贵、李卫伟、刘文丰、董良、沈雨辰、王夏、周薇、刘溪、夏琳娜、陈鹿、王瑶、王晓龙、所龙奇、齐帅、戴力扬、王丽霞、高梅、张隽等人员参与调查。我们在调查过程中还得到很多单位和个人的帮助，在此向东城区文化文员会、西城区文化文员会、新街口街道西四北六条社区等单位，以及西城区文物科马毅老师和支持我们工作的广大居民表示深深的谢意！

　　本书的出版，得到了北京出版集团下属的北京美术摄影出版社有关领导、编辑和其他工作人员的大力支持，在此一并致谢！